鸟国拾趣

NIAOGUOSHIQU

谈宜斌 / 著

上 册

中国林业出版社

图书在版编目(CIP)数据

鸟国拾趣 . 上 / 谈宜斌著 .－－ 北京 : 中国林业出版社，2016.3
ISBN978-7-5038-8281-4

Ⅰ . ①鸟…　Ⅱ . ①谈…　Ⅲ . ①鸟类－普及读物　Ⅳ . ① Q959.7-49

中国版本图书馆 CIP 数据核字（2016）第 036396 号

中国林业出版社

选题策划：何　蕊　刘香瑞
责任编辑：何　蕊　许　凯

出版　中国林业出版社（100009　北京西城区德内大街刘海胡同 7 号）
　　　http://lycb.forestry.gov.cn　电话：（010)83143580
印刷　北京雅昌艺术印刷有限公司
版次　2016 年 3 月第 1 版
印次　2016 年 3 月第 1 次
开本　880mm×1230mm　1/16
印张　6.75
字数　140 千字
定价　35.00 元

前言

　　自从人类在地球上出现以来，人们就和鸟类建立了密切的关系。开始人类只知道捕获它们，吃其肉，饰其羽，慢慢地学会驯化和饲养。随着历史的发展和人类文明的进步，人们又逐步认识到鸟类不仅是大自然的重要组成部分，也是人类的亲密朋友，不可猎捕和残害，爱鸟就是爱我们人类自己。

　　千姿百态的鸟类，绝大多数是对人类有益的。特别是食虫鸟类和猛禽，是消灭农林业害虫和害鼠的能手，对维持自然界生态平衡、减少环境污染及疾病的传播作出了特殊的贡献。绝大多数鸣禽，体态优美，羽色艳丽，鸣声婉转，风姿绰约，使大自然显得生机勃勃，给人们的生活环境增添了美好色彩和无穷乐趣。不少观赏鸟类还对丰富群众文化生活，发展经济、文化、教育和对外往来等方面发挥了重要的作用。至于鸟类在迁徙、求偶、觅食、鸣叫、筑巢、产卵、育雏、避敌等各方面所具有的复杂和奇妙的行为，更是科学工作者和鸟类爱好者的研究课题。如鹰隼的视力、海燕的翅膀、鸽类的方向感和归巢性等，为电子光学技术、空中飞行器的制造、仿生学的研究均提供了宝贵的资料。

扫一扫看视频

白顶溪鸲

我们中华民族，历来就有爱鸟的优良传统。早在三四千年前，人们就注意保护益鸟，并且把野生的红原鸡驯养成家鸡。《礼记·王制》载："不麑，不卵，不杀胎，不殀夭，不覆巢。""麑"指的是鹿的幼崽，"卵"即鸟卵，意思是说不许捕杀幼鹿和捣巢取卵。汉宣帝刘询曾下诏："三辅毋得以春夏摘巢探卵，弹射飞鸟。"《十三州记》记述晋代时，"上虞县有雁，为民田春衔拔草根，秋啄除其秽。是以县官禁民不得妄害此鸟，犯则有刑无赦"。其后，自南北朝至唐宋元明清各代，几乎都有禁捕繁殖期间鸟兽和不准掏鸟蛋的禁令，严禁滥捕猎杀。如：元朝就专门有"严禁狩猎天鹅、隼鹰"的法规条文。

1948年4月9日，毛泽东和周恩来到山西省五台山台怀镇考察寺庙文物时，看到和尚贴的"劝君莫打三春鸟，子在巢中盼母归"的标语时说："应广泛宣传"；又风趣地说："我们不是从僧人'放生'的立场莫打三春鸟，而是从三春鸟保护林木这点出发。"中华人民共和国成立以后，党和政府对野生动物资源的保护十分重视，颁布了一系列的管理条例和法规，建立了许多鸟类自然保护区。1982年，国务院规定每年从4月至5月初在全国各省、自治区、直辖市开展"爱鸟周"活动，许多地方还确定了"爱鸟节"和"爱鸟月"，使全国性的爱鸟活动蓬勃持久地开展了起来。

鸟类是一个大王国。本书是一部鸟类知识小品集，重点介绍了一些鸟类的形态构造、生理功能、生活习性、繁殖特征、观赏价值、奇闻趣事以及对农林业带来的益处和维持生态平衡的功绩，还叙述了古今中外人们爱鸟、护鸟、赏鸟和对鸟类的讴歌等多方面的内容，使读者见其文如同见其鸟，见其插图和扫描二维码视频如同观其鸟。有较高的阅读和收藏价值。但如有不当之处，请读者指正。

谈宜斌　于江西贵溪寓所

2015 年 7 月 30 日

目录 CONTENTS

台湾黄山雀

灰雁

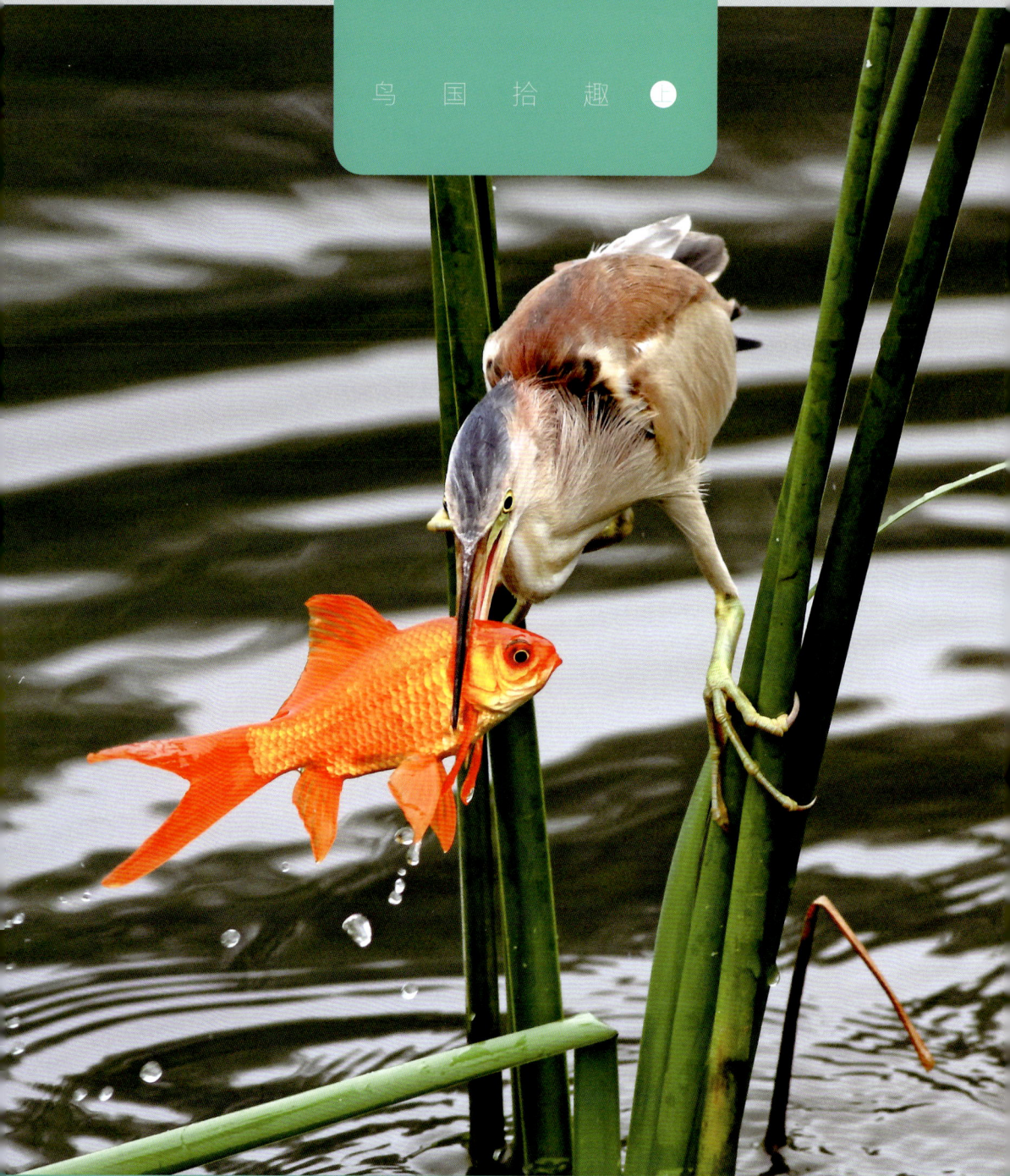

翩翩堂前燕，冬藏夏来见

"几处早莺争暖树，谁家春燕啄春泥。"在杨柳吐絮，芳草萋萋，桃李绽花的美好春天，燕子又双双从南方飞回来了。

燕子的种类相当多，但我们平常所说的燕子，一般指的是家燕（也叫拙燕）和金腰燕（也叫巧燕）。前者的主要特征是，上体呈蓝黑色，腹部白色，两翅狭长，尾羽分叉像剪刀，飞行迅速如箭；后者的体形及大小和前者相似，所不同的是有一条栗黄色的腰羽，模样更加优美轻盈。全世界许多地方都有这两种燕子生长，一般平原地区是混杂分布，山区随着海拔的升高，家燕逐渐减少以至绝迹。有人在秦岭南麓海拔1000米以上的中高山地区调查，那里就只有金腰燕而没有家燕，这也许是家燕不适合在海拔较高的山区生活的缘故。

燕子是候鸟，早在2000多年前，《礼记·月令》就指出："仲春之月，元鸟至……仲秋之月，元鸟归。""元鸟"是燕子的古称。汉乐府中也有"翩翩堂前燕，冬藏夏来见"的诗句。在中国生长的燕子，过冬地在东南亚和澳大利亚一带。每年2月间，它们开始从南向北迁徙返回，最先来到香港和广东；3月初至福建、江西，中旬到达长江中下游地区；4月初飞抵黄河流域，月底可在北京、天津等地看到燕子；9、10月份，它们又结伴南迁，重新回到原来过冬的地方。当然，燕子秋去春来并不是旅游，而是寻找故居休养生息和繁衍后代。

家燕 | 摄影/李汝河

在候鸟中，燕子是最眷恋旧居的。每年返回故地，总爱重新居住在经它修整的旧巢里，或者是在旧巢的遗址上重新构筑新巢。据观察，老燕回旧巢率较高，有的甚至能连续4年返回旧巢。在吉林曾发现一个家燕巢，竟连续用了10年之久。这在鸟类中是不多见的，难怪人们对燕子有一种"似曾相识"之感。

中国对燕子重返故地、归入旧巢的习性研究相当悠久。在2000多年前，吴国宫女就用系红线在燕子脚上的方法来验证燕子的返回能力。晋人傅咸也做过实验，他在《燕赋》序文中称："有言燕今年巢在此，明年故复来者。其将逝，剪爪识之，其后果至焉。"《南史·张景仁传》还记载这样一个故事：王整的姐姐许配给卫敬瑜为妻，不久，丈夫死去，亲友劝她改嫁，她坚决不从。一天，她发现家中的一对燕子少了一只，就捉住这只孤燕，用线系在它的脚上做标识。第二年春天，这只系有丝线的孤燕飞了回来。她见后感慨万千，题诗道："昔年无偶去，今春犹独归。故人恩既重，不忍复双飞。"这可说得上是中国环志研究方法的一种早期萌芽。

燕子一返故里，就忙着衔泥筑巢。元代刘秉忠的"衔泥旧燕垒新巢，来往如辞曲折劳"，宋代梅尧臣的"衔泥和草梗，侧翅过柴扉"，唐代顾况的"卷幕参差燕，常衔浊水泥"等诗句，对燕子筑巢的生态特点进行了描写，寓意深邃。家燕主要营巢在室内的屋梁、屋角或墙壁处，是衔取湿泥、草梗，混合自己的唾液做成的泥巢，极像半个饭碗，里面有羽毛、干草、破布等柔软铺垫物。金腰燕多在室外的墙壁或屋檐的盖板处营巢，喜欢选木结构房屋，其筑巢方法和家燕差不多，只是巢的形状有如长颈的瓶子，比起家燕巢来要精巧得多。

筑巢是产卵的信号，刚刚把巢筑好，燕子就开始繁衍后代了。一对燕子一年可育雏两窝，每次产孵4~6枚，孵化半个月左右，雏燕即可出世。在育雏期，燕子是特别辛苦的。唐代白居易在《燕诗示刘叟》中吟道："青虫不易捕，黄口无饱期。嘴爪虽欲敝，心力不知疲。须臾十来往，犹恐巢中饥。辛勤三十日，母瘦雏渐肥。喃喃教言语，一一刷毛衣。"燕子不吃粮食，专捕虫子，其大部分是危害农林业的害虫，如蚊蝇、蝗虫、蚱蜢、螟蛉等。有人测算，一对燕子喂养一窝小燕，每小时至少喂15次，每天得喂180次，平均每天捕捉农林业害虫400~500只，加上它们自己吃的，总共在800只以上。一对家燕和它们抚育的两窝雏燕，从4月到9月就要吃掉50万~100万只害虫。有道是："春燕田里飞，五谷堆成堆"，"燕子低空舞，害虫直叫苦"，"燕子归来，粮食满仓"。人们总是怀着喜悦的心情，开门亮窗，纳燕入户。

鉴于目前农村新居大多缺乏足够的屋檐，门窗又很严实，使燕子找不到好的筑巢地点，建议在大门旁边悬挂一些简单的木板架或小筐，给燕子提供栖息的处所。在建造新房的时候，也应考虑一下燕子的栖居问题。朋友，请为燕子行行方便吧：

借你屋来住，

不吃你米，

不吃你栖，

只借你屋来住。

家燕 | 摄影/李汝河

喜鹊报喜

　　农家早春，天刚蒙蒙亮，常常会从树梢或屋脊上传来喜鹊的鸣叫。这声音"喳喳喳"，虽很单调，也不动听，却赢得了人们的喜爱。喜鹊之名，也因"人闻其声则喜"而来。

　　喜鹊是一种遍布中国各地的留鸟，除两肩各有一大块白斑及腹部为白色外，全身均为黑蓝色，后面拖一条中宽端尖的长尾，很容易识别。宋代欧阳修有一首咏喜鹊的诗："鲜鲜毛羽耀明辉，红粉墙头绿树林。日暖风轻言语软，应将喜报主人知。"它生动地展现了喜鹊对庭院园林的点缀以及人们对喜鹊的喜爱心情。

　　古往今来，喜鹊的出现常被视作好运福气、喜事临门的征兆。如《墨客挥犀》载："北人喜鸦声而恶鹊声，南人喜鹊声而恶鸦声。鸦声吉凶不常，鹊声吉多而凶少，故俗呼喜鹊。古所谓乾鹊是也。"《西京杂记》载："乾鹊噪而行人至，蜘蛛集而百事喜。"《开元天宝遗事》载："时人之家，闻鹊声皆为喜兆，故谓：灵鹊报喜。"民间更是流传着"喜鹊叫，喜将到"，"喜

喜鹊 | 摄影/宋晔

鹊叫喳喳，喜事到我家"等多种说法。

其实，喜鹊的鸣叫主要是为了相互传递信息和表示某种生理状态，并没有预知人间喜事的先见之明。《禽经》上说喜鹊，"仰鸣则阴，俯鸣则雨"；"鹊以音感而孕"。人有人言，鸟有鸟语。喜鹊的鸣叫，是同其他的鸟类一样，或求偶，或觅食，或惊叹，或欢乐，或召唤……只不过它同人们接近些，博得了人们的信赖和喜爱而已。

喜鹊也是人们美好愿望的寄托。一些画家，每当喜庆佳节之时，总爱以喜鹊为题材作画，藉以表示喜悦、愉快的祝贺。男女办婚事，还喜欢剪贴双喜鹊图案，布置新房和装饰礼品。著名的写意画"喜鹊登枝"，则寓意人们节节向上，步步高升。

神话传说：王母娘娘有位孙女叫织女，勤劳而又漂亮。她有一双灵巧的双手，所织出来的锦缎，把蓝天装扮得五彩缤纷，美丽极了。有一天，织女到银河去洗澡，结识了住在河西的牛郎，两人一见钟情，结成夫妻，并生一儿一女。王母娘娘知道此事后，大发雷霆，派遣天兵天将将织女与牛郎分离开来，只允许他们每年七夕（农历七月初七）相会一次。而在这一天，成人之美的喜鹊就群集在银河上，搭起一座鹊桥，让牛郎织女过桥团聚。"纤云弄巧，飞星传恨，银汉迢迢暗渡。金风玉露一相逢，便胜却人间无数。柔情似水，佳期如梦，忍顾鹊桥归路。两情若是久长时，又岂在朝朝暮暮。"北宋秦少游的这首《鹊桥仙·七夕》小令，一直流传至今。

人们喜爱喜鹊，赋予美好的遐想和传说，这不单喜鹊是人类的"芳邻"，鸣叫的声音似喜惹人爱听，而且它是捕食害虫的能手。在喜鹊的食物中，除了少量的玉蜀黍和杂草瓜果外，80%以上是危害农林业的蝼蛄、蝗虫、金龟甲、松毛虫、夜蛾幼虫等害虫。尤其是在春耕大忙时节，它总是习惯地盘旋

喜鹊 | 摄影/王斌

在正在务农的农民前后，寻觅耕翻出来的昆虫，充当害虫的天敌。据调查，一对喜鹊一年能吃掉害虫5万多只，可以保证50~100亩*农田免遭虫灾。

喜鹊是高明的"建筑师"，它的巢筑在高大乔木的树杈上，也有的筑在电线铁塔架上或耸立的烟囱旁边，多用枯枝为巢材。其结构相当讲究，顶部有一个用树枝搭成的盖子，里面铺垫着毛发、草叶、泥土等柔软物，巢口开在侧面。每窝产卵5~8枚，一年可产两窝，孵化期17天左右。育雏期间，喜鹊的性情变得格外凶猛，为了保护幼雏，常常用"喳喳喳"的狂叫警告敢于接近的"不速之客"。倘若来者不听劝阻，喜鹊就奋不顾身地予以袭击，乃至牺牲自己的生命。

喜鹊 ┃ 摄影/王斌

扫一扫看视频

红尾歌鸲

---
* 1亩 ≈ 0.067公顷

乌鸦 | 摄影/王尧天

为乌鸦鸣不平

人们珍爱喜鹊，却不喜欢乌鸦，乃至把乌鸦当作不祥之鸟，大张挞伐。什么"天下乌鸦一般黑"，"乌合之众"，"乌鸦噪，祸事到"，等等。其实，这是极不公道的，也是对乌鸦的误解。

在鸟类分类学上，乌鸦和喜鹊是"堂兄弟"，都属鸦科动物。只不过前者长得丑陋一点，后者长得漂亮一点；前者的鸣声粗劣一点，后者的鸣声动听一点而已。

乌鸦种类很多，常见的有寒鸦、渡鸦、小嘴乌鸦、大嘴乌鸦、红嘴山鸦和秃鼻乌鸦等。它们的羽毛大都是乌黑乌黑的，并且闪闪发亮。从这一点上看，"天下乌鸦一般黑"算是说对了。但说它坏和把它作为黑暗的象征却很不恰当。因为乌鸦的羽毛虽然是黑的，"心灵"却是美的。你看它，一年四季，不分春夏秋冬，忙着为农林业除害，堪称是优秀的灭虫能手。据鸟类学家研究，乌鸦主食昆虫，其中绝大部分是危害农林业和人体健康的害虫，包括蝼蛄、蝗虫、蚂蚁、苍蝇、金龟子、地老虎、棉铃虫、天社蛾等。有人曾解剖66只秃鼻乌鸦幼鸟，发现它们的胃里有2032只昆虫，其中害虫占3/4以上，益害者不明的占1/5，益虫仅占2%。

乌鸦的食性很杂，除了啄食昆虫之外，还嗜吃腐肉和人畜的废弃食物。秉性贪婪，常群飞，有时飞集于荒野的坟堆，攫取动物的尸体；有时翔集于庭院旁的垃圾坑，寻找被人们抛弃的残羹剩饭；有时群涉于长长的河道上，觅食流水中的污秽物。这对环境卫生是有利的，起到了清道夫的作用。

乌鸦"呱—呱"的叫声，单调难听，聒噪不止，这是由它的先天决定的，并非是一种不吉之兆。因为鸟类的鸣声，跟它的气管、鸣管、上喉部、咽、口腔的构造、胸腔的压力和舌的形态、位置不同有关。就像人类有的发音低哑，有的发音洪亮，南腔北调一样。既然人与人的声调不一，语音有差异，更何况种类繁多和形态各异的鸟呢？乌鸦的叫声虽然不好听，但它与吉凶毫无关系。因此，"乌鸦噪，祸事到"的说法是没有科学根据的。

至于把乌鸦看作是"乌合之众"，那也并非实事求是。乌鸦不仅有严密的组织纪律，而且警惕性高。它们经常数十只、数百只地聚集在一起，很有秩序地起飞和降落。在觅食的时候，只要一只乌鸦发现有危及它们安全的动静，便会发出警告声，使群鸦远走高飞。由于策略上的需要，有时它们也会一惊而散，而过不多久又自动地组织了起来。

难能可贵的是，乌鸦具有"人情"味。"乌鸦反哺"的传说一直广为流传。故事这样说是否可以？年轻的乌鸦不忘亲鸟的养育之恩，在父母年老体衰、不能飞的时候，就捕捉昆虫进行喂养，有时还帮助梳理羽毛，一直照料到寿终正寝。

如果要说乌鸦的坏话，那便是偷食谷物和种苗。每年春播和秋收的时候，它们三五成群地飞到田野里，啄食稻谷、玉米和高粱，或者是把播下去的黄豆、花生、小麦等扒出来吃掉。这是它们不受人们欢迎的真实一面。可事物总是一分为二的，有其利就必有其弊，只要我们采取措施，是完全可以防御的。

在国外，乌鸦的名声并没有中国这样糟。欧洲的鸟类学家普遍把乌鸦列为最进化的鸟。俄罗斯人特别珍爱乌鸦，许多家庭里饲养着寒鸦。经过驯养的寒鸦，能够和人和睦相处，能够帮忙看门，有的还会打算盘、翻画报、摇铃铛和摆积木玩具。法、美、德等国的科学研究工作者，还用录音机把乌鸦的鸣声录下来。当播种和收获粮食需要驱逐乌鸦的时候，便播放乌鸦的惊叫声，把乌鸦赶走；当庄稼和树木发生虫灾需要乌鸦的时候，就播放乌鸦群集时发出的信号声，把乌鸦召集来消灭害虫。这叫做"以鸟治鸟"和"以鸟治虫"。

乌鸦 ┃ 摄影/于凤琴

为麻雀恢复名誉

在鸟类王国里，麻雀与人们接触最密切。无论是乡村或城镇，几乎到处都有它的踪迹。由于麻雀喜欢吃谷物和种苗，常被人们认为是害鸟，甚至斥为"老家贼"。其实，这是人们对它的误解，或者叫做"只知其一，不知其二"。

麻雀最早起源于1000万~2000万年前的非洲热带森林里，后来陆续散布到亚洲和欧洲。1850年，麻雀首次到达北美，是欧洲在北美的移民因怀念故乡而带去的。1860年，麻雀又首次送到新西兰和澳大利亚。到了1872年，麻雀才开始在南美和中南美"安家落户"。现在，全世界绝大部分国家和地区都有麻雀。

麻雀素有"家雀"之称。常言说："麻雀虽小，五脏俱全。"它体小强健，能飞善跳，喜爱群居，乐于与人类为伴，可说得上是鸟类中最有人情味的。说来也怪，它宁愿住陋室小舍，却不爱住华丽大厦。不是"嫌贫爱富"，而是"爱贫嫌富"。

麻雀以羽毛、杂草、树叶等为巢材，通常筑在建筑物的缝隙，如房顶、瓦头、墙洞、檐槽之间的空缝里，也有的筑在灌木或草丛旁。栖息在乡村和公园的麻雀，很少离巢两三里之外。而大城市的麻雀，在饥饿时则往往成群结队地飞到遥远的地方去觅食，待吃饱了，再飞回原处。

人们常用"自投罗网"形容麻雀的愚蠢。事实上，麻雀并不"愚"，也不"蠢"。研究麻雀的世界权威萨默斯·史密斯认为，麻雀在鸟类中是比较聪明的。他曾用罗网捕捉了820只麻雀，并做上标记，发现其中只有26只是被捉过的。

山麻雀 | 摄影/李汝河

山麻雀 | 摄影/李汝河

有的麻雀还从中吸取教训，或是不来，或是等待那些敏捷的小山雀到罗网里把饵叼出来，然后去"半路打劫"，将饵夺走。世界著名心理学家波尔特通过对麻雀的迷津测验，发现它的记忆力能和猴子相比拟。奇妙的是，麻雀能在不断移动的物体上筑巢、产卵、孵卵和育雏，比如在农机具上筑巢。

麻雀对人类的益处是主要的，害处是次要的。它虽然在农作物成熟时糟蹋粮食，或在播种时残害种苗，但在其他季节及城市里，则是消灭害虫和杂草的能手。特别是在育雏期，麻雀更是大量捕捉害虫哺养幼雀。在20世纪50年代，中国曾把麻雀与老鼠、蚊子、苍蝇列为"四害"，后来经过反复调查，证实麻雀是益鸟，"蓬间雀"少不得，到1960年3月，就不把麻雀列入"四害"，而是把蟑螂列为"四害"之一。

历史的经验值得注意。谁破坏生态平衡，捕杀麻雀，谁就会遭到自然的惩罚；谁爱护麻雀，保护生态平衡，谁就会尝到甜头。这里有两个例子很能说明麻雀功大于过。18世纪时，普鲁士国王腓特烈，曾因麻雀啄食他所嗜好的桃子，悬赏在全国消灭麻雀，由于麻雀被捕杀得所剩无几，结果毛虫泛滥成灾。19世纪时，美国波士顿的毛虫给庄稼造成了极大的危害，人们为消灭害虫，从欧洲引进麻雀专门对付毛虫，使庄稼得以摆脱虫患，人们在当地建起了一座"麻雀纪念碑"。

当然，麻雀多了是会成灾的。任何东西都是这样。在甘肃几个县，农民种植的谷子，有几年每逢收获时节，成千上万的麻雀像蝗虫一样铺天盖地飞来，把谷子吃得没剩多少。当地农民想方设法消灭麻雀，且驯养野生的鹞来捕捉，使麻雀不能达到成灾的地步。然而，像这样的情况毕竟是罕见的。现在的问题是，不是麻雀多了，而是麻雀少了，许多地方甚至听不到麻雀叽叽喳喳的声音。这应当引起我们的注意。

春江水暖鸭先知

　　大地回春，江河解冻。在那绿水粼粼的湖面上，熬过严冬的鸭顿时活跃了起来。它们有的拍打着翅膀，在水面上追逐、嬉戏；有的把头插进尾巴的羽毛里，随波漂流；有的潜入水中，进行各种杂技表演，不时还发出"嘎——嘎——嘎"的鸣叫。这般景象，正如宋代著名诗人苏东坡所云："竹外桃花三两枝，春江水暖鸭先知"。

　　我们通常认为，鸭有家鸭和野鸭之分，前者在古代称为"鹜"，后者称为"凫"。《广雅》说："凫、鹜，鸭也"，又见《礼记·曲礼》注："野名曰凫，家名曰鹜"。由于它们每天在水中游泳，能体量到水的温差。特别是对冬水冷，春水暖，更是有着亲身的感受。苏东坡用鸭的这种感受来反映冬春的交替，蕴涵着一定的科学道理。

　　在寒冷的冬天，许多动物不是躲进洞内，就是藏在窝里，很少出外活动。而鸭不在岸上避寒，偏要缩着头整天地浮在水面上，甚至赶都赶不走，这是为什么呢？原因是鸭属游禽类动物，和水须臾不可离，且冬天的水温比气温要高，鸭喜暖厌冷，也就乐意在水中了。但是，冬天的鸭活动量比较小，大多数时间是浮在水面上不动的。只有在春暖花开的时节，湖水转冷为暖后，它们才肯追逐碧波，活泼怡游，发出那欢快的叫声。由此可知，鸭对大自然的气温和时令的变化是相当敏感的。

　　鸭会浮水游泳，鸭依靠羽毛上有一层脂肪。这些脂肪来自鸭尾部尾脂腺的腺体，即鸭尾部分泌出来的一种黄色有强烈气味的脂肪。所以鸭每次下水前，总要用

绿头鸭 摄影／李汝河

嘴巴啄尾部，然后再用嘴巴涂擦两翼和腹部的羽毛。这样，羽毛涂上一层比水轻的脂肪后，入水才不会被水沾湿。

传说英国有个旅行者在法国旅游时，用高价买了几只名贵品种的鸭，准备带回国饲养。因这些鸭挤放在一只大水桶内，粪便污染了羽毛，又臭又难看。于是，这位旅行者用刷子和肥皂，把这些鸭的羽毛擦洗得干干净净，即刻放进一个大水池里，让它们游泳戏水。谁知事与愿违，大约过了一段时间，这些鸭都快沉入水中了。旅行者的错误就在于给鸭洗澡时，不仅洗掉了粪便污垢，还洗掉了决定鸭在水中沉浮的羽毛上所涂抹的一层脂肪。

鸭还有一种神奇的本领——在水里视物，这是许多动物难以效法的。因为鸭的眼睛晶体表面呈高度的屈曲状态，当眼光透过水中的时候，能把自己的眼睛晶体突出于瞳孔间隙，形成具有高度折射能力的高度屈曲的前表面，使晶体聚焦在视网膜上，获得清晰的图像，所以看得清水中的东西。而许多动物的眼睛在水下却不能进行这种补偿性的调节，有的连眼皮都睁不开，故看不清水里的东西。鉴于此，每当鸭饿了的时候，便纷纷潜入水内，将鱼、虾、螺、藻等水生物打捞上来，彼此炫耀一番之后吞入肚内。

有经验的农民，常将家鸭或野鸭赶进稻田里，让那带蹼的双脚和扁平的嘴巴清除杂草。因其喜吃稻飞虱、稻蝗、叶蝉等害虫，只要鸭群从稻田里经过，这些害虫都会葬身它们的腹内。元代王祯就在《农书》中指出："蝻未能飞时，鸭能食之，如置鸭数百于田中，顷刻可尽。"1954年，在山东微山湖畔的25000多亩的农田里，蝗虫泛滥成灾，人们将数以万计的鸭赶进去吃害虫，结果免除了虫灾，夺得了粮食丰收。

绿头鸭 | 摄影/李汝河

农民的好帮手——鹞子

　　鹞子是体型较小的猛禽，常见的有白头鹞、白尾鹞和鹊鹞等。这类鸟为肉食性，除了捕食小型兽类、爬行类动物外，更多的时候是以小鸟为食。有时甚至捕食那些刚刚学飞、但飞得不好的自己的后代或伙伴，或者捕食比它大的野鸡。这种残杀同类的行为，常常为人们所不齿。

　　《列子传》记载：魏公子无忌看到一只鹞子追赶斑鸠到自己的屋子，就将斑鸠救起，予以放生。谁知这只鹞子并没有离开，躲在外面抓住了斑鸠，并将斑鸠杀死。无忌十分痛心，立刻命令部下捕来附近的鹞子，从中寻找杀害斑鸠的凶手，将其处死。曹操的儿子曹植写的《鹞雀赋》，以拟人的笔法，描写了鸟类中强者欺负弱者的现象，重点述说雀向鹞的乞哀之词，开门见山道："鹞欲取雀"，雀哀告说："雀微贱，身卑些小，肌肉瘠瘦，所得盖少。君欲相啖，实不足饱。"（我躯身很小，肌肉消瘦，您吃了我也填不饱肚子。）鹞犹豫了一下说："顷来轗轲，资粮乏旅。三日不食，略思死鼠。今日相得，宁复置汝？"（我近来不顺利，旅途缺粮，已经3天没吃东西，连死老鼠都想吃一点，岂能放过你？）

　　雀又哀告说："性命至重，雀鼠贪生。君得一食，我命是倾。皇天降鉴，贤者是听！"（性命是相当重要的，您得到了食物，我却丢掉了性命；皇天有眼，您这个贤德的君子

雀鹰 | 摄影/李汝河

不要吃我，听听我的哀求吧！）……

白尾鹞 | 摄影/李汝河

从某种情况看，捕鸟比捕虫、捕鱼、捕兽要困难得多，因为鸟凭借自己的翅膀，能够迅速躲避敌害的追捕。长期的食鸟习惯，使鹞子练就了一套捕鸟的方法：每当猎鸟时，它就迅速地飞到鸟的上方，先占领制高点，然后收拢翅膀，头收缩到肩部，以每秒钟75~100米的速度，成25度角向鸟猛冲。待接近鸟时，它又以闪电般的动作刹住，再用利爪向鸟击去，在空中抓获；或者将鸟击落到地面上，恰到好处地飞下来用双爪抱住鸟飞到人烟稀少的地方撕食。为了节省体力，鹞子常伸开双翼，使之成"V"字形，用扇翅和短距离的滑翔方式交替飞行。在地面上活动的麻雀、燕子等小鸟以及鸡、鸭、鹅等家禽，一见到它就害怕，以至东逃西躲，乱作一团。这正如农谚所说："一鹞入村，百鸟受惊。"

鹞子虽然如此残忍，只要稍加招引却是农民的好帮手。众所周知，麻雀有糟蹋粮食的现象，特别是在稻、麦的播种和收获季节，对农业的损失很大。俗话说："麻雀上万，一落一担"，麻雀多了是会成灾的。但鹞子是麻雀的天敌，如果用鹞子驱赶麻雀，就会收到很好的效果。有消息说，一只鹞子能看护近千亩庄稼，麻雀一见鹞子的踪影就逃之夭夭，躲进树林里不敢出来。

有趣的是，日本东京农业研究所的两名专家为了对付鸟害，在一块白布上画上鹞子的一双大眼睛，把布张开，插在菜畦上，结果前来危害蔬菜的鸟儿，看到鹞子的眼睛，都不敢落地而飞走，起到了"稻草人"的作用。

扫一扫看视频

鹊鹞

蝗虫的克星——燕鸻

蝗虫是众所周知的害虫，常给人们带来很大的灾难。笔者整理旧书刊时，看到4起骇人听闻的蝗灾报道：

1929年，在沪宁铁路线上的下蜀镇发生蝗灾，蝗虫堆积如山，铺盖着铁轨，使火车无法通行，延误了两个多小时。

1943年，在河南黄骅县发生蝗灾，蝗虫不仅吃光了农作物和芦苇，甚至连糊在窗子上面的纸也吃光了，还咬伤了许多婴幼儿的耳朵。

1949年7月，美国西部发生蝗灾，蝗虫的分布面积宽约64.4千米，长达120.7千米，受灾之处寸草不留。

2003年7月，内蒙古苏尼特右旗发生蝗灾，漫天的蝗虫如天上落雪，当汽车从落满蝗虫的路上经过时，如同行驶在雪地里，发出咯吱咯吱的声响，蝗虫甚至往行人的衣袖、裤腿里钻。

消灭蝗虫的有效办法，除药物杀射之外，最主要的是维护生态环境的平衡，从源头上预防蝗虫的孳生，平时注重"以鸟治虫"，使之不致达到成灾的程度。捕食蝗虫的鸟类有许多，如灰椋鸟、田鹨、大山雀、白翅浮鸥等等，而燕鸻又是赫赫有名的灭蝗勇士。

燕鸻比燕子略大一点，头顶和上体的羽毛呈灰褐色，尾上覆羽淡白色，腹部由棕色渐转白色，翅膀修长，尾羽分叉，很像燕子，但它的形态结构和生活方式应属鸻类，所以名为燕鸻；有些地方称为土燕子，闽南土语称"草埔鸱仔"。它是一种候鸟，春季由南方迁来中国，北到东北，西至甘肃西北部、四川西部等处，多在沿海一带繁殖，秋季南迁。

燕鸻主要以昆虫为食，尤其爱吃蝗虫。在3、4月间，它大量捕食甲虫，有时也吃些蜻蜓、椿象、地老虎等。到5、6月天气转热、蝗虫大量繁殖时，它就专以蝗虫为食了。在大量蝗虫出现的时候，即便吃饱了，也要把蝗虫啄死弃之于地，好像执意与蝗虫为敌。中国科学院动物研究所曾进行燕鸻雏鸟的饲养试验，发现一只雏鸟每天平均约吃90只蝗虫。一窝燕鸻如果以3~4只雏鸟计算，每天就可以吃掉270~360只蝗虫，再加上一对亲鸟所吃的数量，则每天可吃540只蝗虫。按此匡算，从配对、产卵到育雏的4个月时期内，每窝燕鸻所吃的蝗虫约有65000只。如果按每只蝗虫体长5厘米计算，一窝燕鸻在繁殖季节所吃的蝗虫头尾衔接起来，足有3千米长，堪称是蝗虫的克星。由此而论，只要有大量的燕鸻，就不怕蝗虫危害庄稼和达到成灾的地步。

除了灭虫之外，燕鸻还是著名的飞行家。有消息说，燕鸻能以每小时90千米的速度，连续飞行35小时，行程达3200千米之遥。在夏季繁殖期间，燕鸻喜欢结群在空中飞行，多时可达100多只。有趣的是，它们常绕着半圆圈飞逐嬉戏，就像孩子们捉迷藏。鸣声尖锐，声似"滴利——滴利——"，且飞且鸣，叫声不迭。平时不筑巢，产卵时才用腹部在草地或田野沙土处碾一个小浅窝，上面铺垫少量的草茎、树叶或苔藓。每窝产卵2~5枚，卵呈沙白色或淡灰黄色，上面有暗褐、灰蓝、紫色等斑纹。孵卵很特殊，亲鸟白天不孵卵，专靠阳光的热量，晚上才归巢孵卵。

优秀护林员大山雀

　　林业单位在表彰先进人物和总结成绩的时候，总忘不了珍爱林木、保护森林的优秀护林人员。这里要记叙的是另一种优秀护林员——大山雀。

　　大山雀是山雀科中最大的一种鸟，体长13厘米左右。头至颈部羽毛蓝黑色，两颊洁白，故又称白脸山雀。鸟体背部蓝灰色，具多种颜色的条纹；腹部白色，中央有一条黑色胸带，像拉链一样从颈下一直延伸至尾部，雄鸟较雌鸟的胸带宽而黑；眼呈褐色，嘴和脚为灰黑色。由于大山雀鸣声悦耳，时常发出"仔黑、仔黑"或"仔仔黑、仔仔黑、仔仔黑黑"的叫声，因而又被称之为黑子、仔伯和仔仔黑鸟。

　　大山雀在中国分布较广，数量也较多。大都栖息在针叶林、阔叶林、针阔混交林或果园内，在丘陵山间、平原旷野也能见到其踪迹。它是著名的食虫益鸟，主要捕食危害林木、果圃的有害昆虫及其幼虫。如鳞翅目的螟虫、粉蝶、松毛虫等，半翅目的蚜虫、介壳虫、飞虱等，鞘翅目的金龟子、天牛等植物食性甲虫。

　　从拂晓到黄昏，大山雀总是在树枝上蹦来跳去，啄食正在残害树木及果实的害虫。它时而紧贴在树干或树枝上，细心地觅取各种害虫；时而腹部朝上，背部朝下，干脆来个倒挂动作悬在树枝上，搜索包裹在卷叶里的幼虫，就是隐匿在树皮底下的各种害虫蛹和卵，也是很难幸免的。当然，在食物缺乏的时候，它也吃一些植物的果实，如麦粒、

大山雀 | 摄影/王尧天

云杉种子、酸枣等，但这降低不了它消灭害虫的功绩和给林木带来的好处。

鸟类中，大山雀的食量是名列前茅的。一只大山雀，每天捕食害虫400~500条（只），相当于它自身的体重。特别是在育雏期，它捕捉害虫更勤更多，曾有人统计，一只亲鸟在5小时内带虫回巢高达340次。怪不得有幅题为《大山雀一家的一天食量》宣传画，画一台天平的一头放着一窝大山雀，一头放着它们所吃掉的松毛虫、梨象甲、椿象等害虫，而指针正好指在刻度的正中央。这真是太形象逼真了。

大山雀系地方性留鸟，没有巢域性，有久居不迁飞的特点。它喜欢在距地面3~6米处的树洞、石缝和墙洞里筑巢垒窝，有时将就栖息于松鼠或喜鹊的废弃窝巢。近年来，许多地方采用制作人工巢箱的方法招引大山雀定居落户很有成效。根据河南省罗山县涩港林场的经验，巢箱可用木板或其他材料制成，里面铺上羽毛、碎纸、破布、树叶等柔软物。巢箱的直径为15厘米 × 15厘米，前壁高度为25厘米，后壁高度为30厘米，上面是可以启闭的箱盖，并在距顶部1/4的地方开一个直径4.5~5.5厘米的圆孔，供大山雀出入。

但是，许多地方将大山雀作为笼养鸟之一，一些非法鸟市违反国家禁令销售大山雀，仅天津每年入冬就有几万只大山雀进入鸟市。迄今为止，大山雀还不能在人工的饲养条件下繁殖，所销售的大山雀都是从野外捕捉的，这就给大山雀带来了厄运。有分析认为：在原产地捕捉有可能会对本物种的生存构成威胁，造成野外种的灭绝；在输入地的逃逸和重新野化有可能造成外来种入侵破坏输入地本地鸟类种群结构；有可能给输入地带来新的传染疾病，使疾病在输入地土著种群中蔓延。

大山雀 | 摄影/王尧天

除虫专家灰椋鸟

　　鸟类对人类最大的贡献是维护生态平衡，保护庄稼和树木免遭虫害。"虫口夺粮"这句谚语，便是人们对益鸟的肯定。在众多的食虫鸟类当中，灰椋鸟除虫有其独到之处。

　　灰椋鸟俗称竹雀、高粱头、杜丽雀、马咕油子，属雀形目，椋鸟科。体长约20厘米，全身披着灰褐色羽衣，嘴和脚呈橙红色，头侧和前额白色并夹杂着黑纹。在中国东北、华北等北部地区为夏候鸟，长江流域和长江以南地区为冬候鸟。每年3~4月开始迁至北方繁殖，8~9月开始迁到南方过冬，足迹遍布大半个中国。

　　灰椋鸟除繁殖期成对生活外，其他时候多成群活动。每每云集，总是结成数十、上百乃至成千的大群。小学语文有篇《灰椋鸟》的课文，把灰椋鸟群集的场面描绘得淋漓尽致："一开始还是一小群一小群地飞过来，盘旋着，陆续投入刺槐林。没有几分钟，'大部队'便排空而至，老远就听到它们的叫声。它们大都是整群整群地列队飞行。有的排成数百米长的长队，有的围成一个巨大的椭圆形，一批一批，浩浩荡荡地从我们头顶飞过。"无论飞到哪里，灰椋鸟都栖居在离村庄不远的树林里，或成小群地休息在电线上、屋顶上和草丛中。巢筑于树洞、岩石缝隙间或建筑物旁边；有的因陋就简，将啄木鸟舍弃的巢稍加整理作为孵卵育雏的住房，有的还与麻雀的巢混杂在一起。

灰椋鸟是杂食性鸟类，食物以昆虫为主，但也啄食野生植物的果实和种子。每到春耕时节，农民们在前面耕翻土地，它们就在后面啄食害虫。这时的害虫，刚从冬眠之中醒过来，有的还以蛹的状态藏在土里。灰椋鸟就一边刨地，一边用嘴衔住土块，在地上左右摩擦，使土块破碎，找到虫蛹吞进肚里。

待禾苗长得旺盛的时候，许多害虫，如蝗虫、蝼蛄、蜗牛、步行虫等，纷纷出来蚕食庄稼，有的甚至危害参天大树。这时，正是灰椋鸟"生儿育女"的季节，每窝可孵幼鸟3~5只。成鸟自己需要营养补充，幼鸟们又很贪食，它们捕食害虫也就更多更勤了。据报道，一对灰椋鸟每天喂幼鸟360克害虫，再加上它们自己吃的，在营巢期能消灭害虫19000克之多；如果某个地区有1000只成鸟及其幼鸟，一个月歼灭害虫可高达10吨以上。这真远非药力和人力能比。

特别是当大批蝗虫出现的时候，灰椋鸟更是有对付的好办法。它们群集在一起，排成横队向一个方向前进，就像潮水一样滚滚向前移动，把蝗虫消灭得一干二净。即使吃饱了，也没有一只愿意离开队伍，仍然紧跟在后面啄死蝗虫弃于地下，所以在灰椋鸟经过的地方，往往会看到蝗虫尸横遍地，狼藉不堪。

由于灰椋鸟嗜食昆虫，而且吃的大都是危害农林业的害虫，因而也就成为世界许多国家用人工巢箱招引益鸟、消灭害虫的主要对象之一。根据灰椋鸟的生活习惯，巢箱的规格可按长13厘米、宽13厘米、高32厘米制作，并需在巢箱的前壁上方（盖子下方5厘米处）挖一个直径5厘米的出入口，里面铺上干草、羽毛、树叶等柔垫物。据国外在5330公顷的森林内悬挂27000个灰椋鸟巢箱的实践，大部分巢箱都招引来了灰椋鸟居住，有的地块的招引率达到100%，有效地控制了当地的农林虫害。国内科学工作者曾在江苏、山东、河北、辽宁、吉林等地用人工巢箱招引灰椋鸟，也收到很好的效果，一般住巢率为60%~80%，少数地区可达100%。

灰椋鸟 ┃ 摄影/段文科

"大树医生"啄木鸟

　　一家幼儿杂志在宣传益鸟的时候，把啄木鸟画成一个穿白大褂的医生，身背药箱，手拿听诊器，昂喙挺胸地向病树奔去。这种拟人的宣传手法，真是形象极了。

　　啄木鸟属䴕形目，啄木鸟科。全国约有20多种，常见的有绿啄木鸟、斑啄木鸟、星头啄木鸟、金背啄木鸟、白背啄木鸟和黑啄木鸟，一年四季都栖息在茂密的森林里。当我们从它身边经过的时候，往往会听到"笃、笃、笃……"的敲击声，很有节奏，好像古庙里传出来的木鱼敲打声。这就是啄木鸟在觅食，或者说啄木鸟正在给大树"治病"。

　　在森林里，常常有许多寄生昆虫蛀食林木，影响树的发育和生长，有的甚至把树蛀死。对于这类害虫，许多鸟类无可奈何，人工药物喷洒也无济于事，只有啄木鸟才对付得了。你看它，这里敲敲，那里打打，一旦判明树中有害虫，就啄开树皮，伸出长舌，将害虫包括卵和蛹等一只只地钩出来吃掉。

白背啄木鸟 | 摄影/王尧天

据调查，一对啄木鸟可以保护500亩森林免遭虫害。尤其是黑啄木鸟，每天能吃1900多只林木的寄生昆虫。曾有人解剖1只黑啄木鸟，在它的嗉囊和胃里掏出森林害虫650多只，主要是天牛幼虫、象甲、金龟甲、螟蛾、臭蝽象、蚂蚁、伪步行甲等。可见，啄木鸟被人们誉为"大树医生"是当之无愧的。

对于啄木鸟的这种生活习性，我们的祖先早就有所认识。约在公元前12~13世纪时的甲骨卜辞中，便有表达啄木鸟啄木吃虫的象形字。《禽经》记载："鴷志在木。《尔雅》曰：鴷斫木，鸟巢木中。嘴如锥，长数寸，常斫树，食蠹虫。喙振木，虫皆动也。"《异物志》记载："啄木，穿木食蠹"。入诗的更是不少，如西晋女文学家左芬的《啄木诗》："南山有鸟，自名啄木。饥则啄树，暮则巢宿。无干于人，唯志所欲。此盖禽兽性清者荣，性浊者辱。"中唐诗人朱庆余的《啄木儿》："丁丁向晚急还稀，啄遍庭槐未肯归。终日与君除蠹害，莫嫌无事不频飞。"凡此，充分肯定了啄木鸟啄食树木害虫的功绩及其所发挥的作用。

常言道："刀好全靠刃。"啄木鸟之所以有这么大的本领，是与它自身的特殊构造分不开的。它的嘴硬而锐利，如同一把凿子，能啄开害虫蛀的通道；舌头细长，有角质，伸缩自如，在前端还有箭头似的短钩，可以把舌尖插进树的蛀洞里钩出害虫。它的腿短而有力，两趾向前两趾向后，不像其他的鸟蹲在树枝上，而是攀握在直立的树干上，这样就有利于寻找和啄食害虫。它的听觉灵敏且辨别能力强，一天不停地啄一两千下，一边啄一边听，即使是再隐蔽的害虫，也能被它发现。再加上啄木鸟那坚硬而富有弹性的尾羽作为攀握树干的支撑点，在敲打树木时能保持全身平衡。这些，都为啄木鸟消灭害虫提供了先决条件。

啄木鸟不喜欢群居，大都独门独户。在同类之间，各有势力范围，方圆二三百米林区内，只容许一对存在。如果密度过大，就会因争领地、争食物而相互倾轧。其巢大多筑在树洞里，雌鸟和雄鸟成对地住在一起。一年产卵3~5枚，孵卵期13~14天，喂雏期25天左右。在雏鸟能够起步飞翔的时候，跟随亲鸟"学艺"1个多月，早出晚归，啄取害虫，待具有独立生活本领后，亲鸟便将其赶出巢窝，而且不再见面。

　　根据啄木鸟的生活习性和活动规律，现在许多林区在进行人工招引啄木鸟的试验。最有效的方法是，挂置招引木和招引巢。一般是将自然心腐木，截成长60厘米、直径20厘米左右的木段，上端钉一小木板遮雨，悬挂在离地面5米高的大树干上，让啄木鸟凿洞成巢定居。或者选用木心不坚实的杨树、柳树等木段，先将木段劈开，再掏出内径约10厘米、长约25厘米的圆洞，然后洞口对洞口地捆好扎紧，并凿一出入孔，悬挂在上述同等高度的大树干上，招引啄木鸟进洞营巢。早年报道，山东平邑县浚河林场新造的青年林，天牛幼虫危害甚烈，他们采用悬挂招引木招引啄木鸟的方法，本来每100株树有80条天牛幼虫，招引啄木鸟住1年剩下2条，住2年只剩下0.8条。多么勇敢的啄木鸟啊！谜语云："嘴巴尖尖像把刀，捉起害虫本领高。大树公公有了病，只要它到病就好。"

扫一扫看视频

棕腹啄木鸟

啄木鸟 ┃ 摄影/于凤琴

阴阴夏木啭黄鹂

　　黄鹂，又叫黄鸟、黄莺、黄伯劳、鸧鹒、金衣公子、红树歌童等，别名有20多个。早在商周时期，《诗经》中就有"黄鸟于飞，集于灌木"、"交交黄鸟，止于棘。谁从穆公？子车奄息"的句子。其种类比较多，以黑枕黄鹂最为常见。雄鸟的羽毛以金黄色为主，背部稍有绿辉，自嘴的基部到眼睛处经过枕部有一道宽阔的黑纹，翅羽和尾羽亦大多呈黑色。雌鸟的羽毛较雄鸟色淡而浅，背部为浅黄绿色，下体有黑色纵纹。此种打扮，再配上粉红色的嘴、铅蓝色的脚和光亮的眼睛，显得分外美观华丽。

　　黄鹂是夏候鸟，每年春末到达繁殖地休养1个月后，便开始筑巢产卵。它们广泛分布在中国东部地区的平原、山地或村庄附近的大树或疏林间，也有的在华北、华中地区的丘陵地带"生儿育女"。是典型的树栖性鸟类，很少在地面上活动，飞行呈波浪式一上一下，怯弱怕人，往往是"只闻其声，不见其形"。巢大都筑在树梢平伸出来的小枝分叉处，用干草、枯叶、羽毛、碎纸、蛛丝等缀合而成，形状呈深杯状，悬挂在树枝上，随风摇摆，十分别致。满窝卵为4枚，少的2枚乃至1枚，粉红色，带有玫瑰色斑点。完全由雌鸟孵卵，孵卵期为14~16天，喂雏期18天左右，由雄鸟和雌鸟共同育雏。雏鸟会飞

金黄鹂 ┃ 摄影/王尧天

后，亲鸟再带养1周，即可独立生活。

鸟类中，黄鹂称得上是一位杰出的"歌唱家"，雄鸟的鸣叫不仅清脆悦耳，而且婉转多变，富有韵律。一般鸟类发出的声音是两个节拍，如"喳喳、喳喳……"，"嘀咕、嘀咕……"也有的四个节拍，如"割麦插禾、割麦插禾……"，"呱呱无屋、呱呱无屋……"而黄鹂却可以发出多种节拍，有不少音符甚至能够编出三音符至五音符的乐句。它时而发出"嘎——嘎——嘎"的单音，时而又发出"阿——儿——、阿——儿"的双音，时而还发出中等速度的"快——来——买——山——药噢"的多音和连珠般的"快来坐飞机——"等声音。鉴于此，许多文人骚客对黄鹂的鸣叫是多情的。如：杜甫诗云："映阶碧草自春色，隔叶黄鹂空好音"；韦应物诗云："独怜幽草涧边生，上有黄鹂深树鸣"；曾几诗云："绿阴不减来时路，添得黄鹂四五声"；晏殊诗云："浓睡觉来莺乱语，惊残好梦无寻处"；王维诗云："漠漠水田飞白鹭，阴阴夏木啭黄鹂"，等等。在杭州西湖十景中，还有"柳浪闻莺"之一景哩！

人们称赞黄鹂，不仅是因为它鸣声动听，长得俊俏，还因为它是捕食害虫的能手，为农林业除害。根据科学工作者解剖鸟胃的研究，黄鹂差不多完全以昆虫为食，其中有95%是危害农林业的害虫，如松毛虫、梨星毛虫、吉丁虫、象鼻虫、枯叶蛾、金龟子、天牛、鸣蝉、尺蠖等。特别是在育雏期，黄鹂饲喂雏鸟的食物全部是昆虫，初期饲喂雏鸟的是蛾类幼虫，中期及末期

黑枕黄鹂 ｜摄影/宋晔

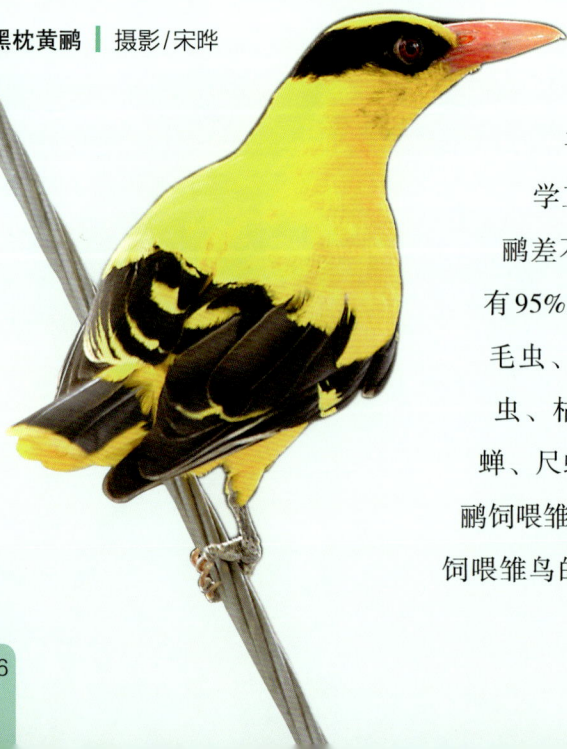

饲喂的是蛾类和小型的蝉类等食物，因此黄鹂是著名的益鸟。只有在食物匮乏的时候，才吃一些种子、果实等植物性食物。

进入10月份，黄鹂便开始成群结队地向南迁往印度、斯里兰卡和马来半岛等地越冬。对于候鸟的这种秋去春来的迁徙现象，古人不甚了解，当他们觅寻不到平时喜爱的某种鸟类的时候，往往以"蛰居"或"化身"来解释。《本草纲目》就记载黄鹂"冬月则藏蛰。入田塘中，以泥自裹如卵，至春始出。"更有言之凿凿者，《荆州志》道："农人冬月于田中掘二三尺，得土坚圆如卵，破之，则莺在其中，无复羽毛。"这则史料被著名科普作家贾祖璋发现后，他在《鸟与文学》中驳斥曰："既然说'无复羽毛'又何能辨认她（它）是莺呢？"所以，对待文献资料，要进行科学分析，去伪存真，吸取精华，即便经典著作也应如此。

扫一扫看视频

会摸鱼的白鹭

小小柳莺

　　"掷柳迁乔太有情，交交时作弄机声。洛阳三月花如锦，多少工夫织得成。"这是南宋诗人刘克庄对柳莺的赞美。诗意是说柳莺在林间穿梭飞行，鸣声宛如织布机发出的"交交"响声，好像有意要织出花团锦簇的春天。其实，当柳莺在中国大部分地区出现的时候，早就是"春色满园关不住"了。

　　柳莺是中国的夏候鸟，属雀形目，鸣禽类鹟科。冬季在中国南部以及越南、缅甸、印度、马来西亚等地越冬，4~6月迁来祖国东北地区和内蒙古、甘肃、青海等省区繁殖。迁徙时遍布全国许多地方的山林、园圃及城市公园等地的林荫中。其种类比较多，有黄眉柳莺、黄腰柳莺、褐柳莺、冕柳莺、短翅柳莺、圆尾柳莺等。体型都比麻雀小，背羽以橄榄绿色或褐色为主，下体多为淡白色，嘴细尖，都有不同的眉纹，雌雄鸟的羽色无明显区别。

　　当柳莺在林间穿飞觅食时，远看就像几片柳叶在随风飘舞，故人们称之为"柳串儿"、"树串儿"或"树叶儿"。又由于柳莺玲珑活泼，十分好动，几乎片刻不停地在树枝上跳来跳去，因而还有人称其为"达达跳"。

　　柳莺是农林益鸟，不甚畏人，常三五成群活动于柳树、槐树等乔木或灌木丛的树梢间，主要以昆虫为食，如蚁类、蝇类、

黄眉柳莺 ┃ 摄影/宋晔

蚊类、叶跳蝉、蝽象、金龟子等等，有时也食一些植物种子。它吃昆虫是很有绝招的，先在林间侦察，然后在有昆虫栖息的地方跳跃、搧拍翅膀，将昆虫哄赶出来，再追上去啄食。其鸣声清脆悦耳，富有韵律，总夹杂着轻细尖锐的"仔—儿、仔—儿"声，人们在几十米外都能听到。

　　夏季是柳莺的繁殖季节。通常，鸟类的巢筑在树上，可柳莺却在地面上营巢。这从孵卵育雏的安全性来说，似乎比在树上筑巢的鸟类要差得多。事实上，在树上筑巢有在树上的好处，在地面上筑巢也有在地面上的优点，各有所选择。

　　柳莺筑的巢很隐蔽，大多筑在上一年从树上落下的枯枝败叶层中，也有的喜欢在山林土崖的凹窝中筑巢。以地衣、树皮、苔藓、草茎等编织成球状巢，出入口开在侧面，并衔取苔藓、树皮、草茎、枯叶等覆盖在巢顶上，厚度可达6厘米，很难被其他动物发现。用来筑巢的材料都是从附近取得的，与周围的环境十分协调，这又提供了一种很好的伪装条件。只有那些嗅觉灵敏的动物，如狼、蛇等才能找得到。树上筑巢产卵育雏看似安全，但暴露在光天化日之下，容易引起鹰隼、乌鸦等食肉鸟类的注意，也会招致蛇爬上树来，说不定会遭到卵毁鸟亡。在漫长的生物演化进程中，物竞天择一向是自然界千古不变的规律，弱肉强食更是常见的冷酷事实。因此，捕食者与被捕食者之间的关系是对立而矛盾的，这才叫"适者生存"。

黄腰柳莺　┃　摄影/于凤琴

据有人实地考察，各种柳莺的巢形、巢材、巢的大小和筑巢的地点都很相似，只有注意对亲鸟的观察及研究鸟卵的特征，才能区别出来。有趣的是，一旦它们在巢内孵卵育雏，便会独霸这一地区的领土甚至领空，不允许其他鸟类和别的动物入侵。要是外敌闯入或误入它们的巢区，负责警戒的柳莺便会以鸣叫声通知它的伙伴，务必提高警惕；有时还会挺身而出，根据不同的对手采取不同的战略战术。钱国桢编译海恩罗特的《鸟类的生活》就这样写道："在灌木丛里，往往会遇到一只柳莺或其他什么小鸟突然跌下，表现出非常疲倦不堪的样子，搧拍着翅膀，无依无靠地在草地上向前移动。根据这种情况，可以推测在附近有巢或有孵出来的雏鸟。亲鸟本能地假装跛行，这是一种适应的技巧，它想把天敌从危险区骗开。"然后自己再想办法逃脱。当然，弱小的柳莺毕竟不是天敌的对手，遇到比它大的食肉鸟类或其他动物，往往会葬身它腹。牺牲者以自己的生命，保护了同伴或幼雏，同样是一种高贵的品质。

扫一扫看视频

黑翅长脚鹬

叽喳柳莺 ｜ 摄影/王尧天

欧夜鹰 ｜ 摄影/王尧天

捕蚊高手——夜鹰

蚊虫是传播疾病的罪魁祸首，它那纤长的脚和椭圆形的翅膀，传播起病菌来不亚于苍蝇。据西方历史学家和医学家们研究，古罗马帝国衰亡的重要原因之一，就是因为蚊虫传播疾病疟疾而造成了人口大量死亡。19世纪末开凿巴拿马运河，当时流行一种黄热病，使大批人病倒在工地，就是由蚊虫传播的。清代郑孝胥屯守广西龙州时，也是蚊虫传染的疟疾，至使3000清兵全部倒毙。今天，随着现代医学的进步，这种蚊灾或可幸免，但蚊虫仍在某些地方传播疟疾、登革热、乙型脑炎等病。

在以食虫为主的鸟类中，有没有捕食蚊虫的高手呢？回答是肯定的。夜鹰即是其中之一。这种鸟俗称贴树皮，古谓蚊母鸟或吐蚊鸟，还有夜燕、鬼鸟之称呼。体长约27厘米，背部大都灰褐色，满布虫状黑褐色细斑；翼为黑褐色，缀以深棕色横斑；腹部前灰后棕，亦杂以虫状黑褐色细斑；喉部有一大片灰白色的领斑，雄鸟的尾上也有灰白色斑；喙和脚短小，几乎不会行走。是中国东部地区常见的鸟类，在温带或寒温带为夏候鸟，热带为留鸟。

在夜行性鸟类中，夜鹰是"上夜班"较早的鸟类。太阳一落山，它就开始了捕食战斗。由于它能在夜间视物，嘴宽而两侧生有成排的长须，口腔巨大，张开口如同簸箕，专爱吃飞虫，所以往往采用的是"网捕法"。即一边飞行，一边兜食飞虫。凡是它飞过的地方，夜间活动的飞虫如蚊类、蛾类、虻类等，都无法幸免；有时还误将正在学飞的蝙蝠也吞进了肚内。它特别爱吃蚊虫，有人曾解剖一只夜鹰的胃，发现里面有500多只蚊虫。如果以每晚捕食

3000只蚊虫计算，一只夜鹰整个夏天就要消灭几十万只蚊虫。

为了捕食蚊虫，夜鹰趋于在蚊虫最多的地方或蚊虫的孳生地、污水沟、废水井和杂草丛间飞来飞去，故古人将其食蚊说成是吐蚊。如晋代郭璞《尔雅注疏》载："今江东呼为蚊母。俗说此鸟常吐蚊，故以名云。"唐代李肇《唐国史补》载："江东有蚊母鸟，亦谓之吐蚊鸟，夏则夜鸣，吐蚊于丛苇间，湖州尤甚。"明代李时珍《本草纲目》"蚊母鸟"条引唐人陈藏器的话："此鸟大如鸡，黑色。生南方池泽茹芦中，江东亦多。其声如人呕吐，每吐出蚊一、二升"。这真是"原告变成了被告"，颠倒了黑白。

夜鹰具有高超的飞行技巧，两翅常缓慢地鼓动，也能突然曲折地绕着飞虫长时间地滑翔。羽毛松软，飞行时无响声，很难被敌害所觉察。尤其善于根据蚊虫分布的密度，低空忽高、忽低、忽左、忽右地盘旋，甚至贴着地面追赶蚊虫，一口兜到几只乃至几十只蚊虫。而蚊虫最猖獗、最疯狂的时间，是在夏天黄昏后的两三个小时内，此时夜鹰处于饥饿状态，也正是捕食蚊虫最旺盛的时机。吃足吃饱以后，夜鹰并未休息，它蹲在树上或地上，瞪着两只闪闪发光的大眼睛窥视远方，随时准备迎接新一轮的捕食战斗。

鸡刚报晓，夜鹰才开始睡觉。它有时伏在上一年落满了枯枝败叶的草地上，有时伏在与它羽色相仿的乱石堆中；更多的时候则是扁着身子平贴在树枝上，长时间地一动也不动，远看好像枯树疤。夜鹰选择这种与体羽类似的环境栖息，科学工作者认为是一种保护性适应，有利于隐藏自己而躲避敌害。但是在求偶期间，夜鹰则彻夜鸣叫不停，酷似机关枪的"嗒、嗒、嗒……"声，很远就听得见，被欧美人通称为"夜的嘈杂者"。

夜鹰的巢极为简陋，可以说根本不是巢。临到产卵时将卵产在具有保护色的林间落叶堆里，或者是野草和灌木的下面。待产足两枚卵以后，由雌雄鸟轮流孵卵。其恋巢性相当强，谁也舍不得离开它的卵，来接班的一方非要用力推开另一方，另一方才肯离去。偶有人在林间行走，差点儿踩到它也不起飞。只有少数种类在觉得不安全时，才衔着卵搬迁到另外的地方去孵化。雏鸟出世以后，双亲时刻不离左右，一夜间往返飞行数百千米，衔回昆虫喂给雏鸟吃。

晚间猎手——猫头鹰

夜深人静，万籁俱寂。在某些偏远地区的乡村里，常常会听到似哭非哭、似笑非笑的声音，凄凉悲惨，低沉刺耳，令人毛骨悚然。原来，这是猫头鹰在鸣叫。

猫头鹰在古代称为鸮、枭或鸱鸮。常见的种类有长耳鸮、短耳鸮、领角鸮、红角鸮、雕鸮和鹪鹩。体羽大多呈褐色，也有的呈灰色或棕色，头部宽大，嘴短呈钩状，两眼大而圆，爪子弯曲锐利，有的还有两撮耸立的耳羽。由于它长着一个猫样的面孔，鹰般的身子，专在夜间活动，所以又有"夜猫子"之称；台湾有些人还称之为"猫头咕"。

在科学不发达的古代，许多人误认为猫头鹰是"不祥之鸟"、"罪恶之鸟"，并把它的叫声同报丧联系起来。早在先秦时的《诗经》中就有这样的寓言诗："鸱鸮鸱鸮，既取我子，无毁我室。恩斯勤斯，鬻子之闵斯……"诗中的猫头鹰简直是一只恶鸟、残暴的掠夺者。《史记·孝武本纪》载："古者天子常以春秋解祠，祠黄帝用一枭破镜"。孟康的注解引如淳曰："汉使东郡送枭，五月五日为枭羹以赐百官。以恶鸟，故食之。"至于民间，对猫头鹰的偏见就更深了。所谓"夜猫子叫，祸事到"，"夜猫子上屋，丧事催人哭"，"不怕猫头鹰叫，就怕猫头鹰笑"等，都是乡间流传的民谚俗语……猫头鹰蒙受的不白之辱，真是太冤枉了。

人们对猫头鹰的偏见，或许因其外貌狰狞，昼伏夜出，鸣声凄厉，行为鬼

雕鸮 | 摄影/李汝河

长耳鸮 | 摄影/李汝河

崇，使人产生神秘、悲哀、恐怖感的缘故。然而古人对猫头鹰的认识，也有例外。如：1975年在河南安阳殷墟妇好墓出土的一只青铜器鸮尊，整个酒器的造型以猫头鹰为原型，尊的整体为一昂首挺胸形，小耳高冠，圆眼宽喙，双翅并拢，粗壮的两足与下垂的宽尾构成3个支点。充分表明猫头鹰在商代晚期是受到贵族阶层尊重的。又据刘恂的《岭表录异》记载："北方枭鸣，人以为怪，共恶之。南中昼夜飞鸣，与乌鹊无异。桂林人罗取，生鬻之，家家养，使捕鼠，以为胜狸。"这又表明，唐代南方兄弟民族已知道猫头鹰是益鸟，并加以驯养捕鼠，其作用超过了猫。

"以貌取人，失之子羽。"猫头鹰既不残害人类，也没有报丧的灵验，而充当晚间的猎手倒是事实。每当夜幕降临，猫头鹰便悄悄地蹲在树上，瞪大眼睛，伸着能转动270度的脖子，沉着而又机灵地进行搜索。一旦发现猎物，如老鼠、野兔、小鸟、蛙类、蝙蝠等，便以迅雷不及掩耳之势飞扑过去，用利爪牢牢地逮住，然后张开大嘴囫囵吞食。有时抓到硕大的田鼠，一下子吞不进去就停一下再吞，直到完全落进肚内才肯休息。对于不能消化的鼠类皮毛、骨头和鸟类的羽毛等，则以食团的形式呕吐出来。

据多方调查，一只猫头鹰一年要吃掉1000多只老鼠，它捕食的老鼠约占总食量的83%，其余的才是鸟类、野兔和昆虫等。如果每只老鼠按一年糟蹋1000克粮食计算，那么一只猫头鹰一年就等于从鼠口里夺回了1000多千克粮食，所以科学工作者有"一只猫头鹰一吨粮"的说法。在繁殖期内，有些种类的猫头鹰即使在饱餐以后，一看到老鼠就要追捕，宁可杀死扔弃，也不让其跑掉。且鼠类还传播鼠疫、流行性出血热等30多种疾病，猫头鹰消灭了老鼠，也就减少了这些疾病的传播，从保护人类健康来说，猫头鹰的贡献是不可估量的。

猫头鹰之所以能成为晚间的猎手，原因是它属于夜行性猛禽，而鸮形目的大多数鸟类在白天却是"睁眼瞎"。它的一对眼球楔入筒状的眼窝里，骨质的眼球连同它的眼窝，占据了头部的很大位置，极像双筒望远镜。其眼内视锥细胞密度很高，在暗处视物的能见度是人类的10~100倍，并且光线越暗，瞳孔就越大，视力也就越强。一到夜晚，只要有猎物出现，就休想逃出它的眼睛。更何况猫头鹰还有一对大而狭长的耳孔（是鸟类中最大的），无论在空中飞行，或停留在树枝上闭目养神，在二三十米处能够准确而敏感地听到夜晚老鼠和其他动物所发出的微弱声音，精确无误地判明猎物的所在地，从而毫不费力地把猎物逮住或吃掉。

鸟类在飞行时翅膀会"啪、啪"作响，使猎物闻声而逃；而猫头鹰却与众不同，即使是伸手不见五指的黑夜，它也能无声无息地飞行。这样，当它发现猎物时，就可以出其不意地来个突然袭击，用锐利的脚爪迅速抓住猎物。猫头鹰的这种绝技，主要是它的翅膀羽毛特别柔软，而且羽毛的末端呈梳齿形状，即使有些微小的声响，也会从细齿间的隙缝中消失掉。

猫头鹰的寿命比较长，一般能活20多年，主要在树洞或岩洞里营巢。它的繁殖力是随着地区而变化的，热带地区的种类每窝产一两枚卵，愈向北半球分布的种类产卵数目愈多，繁殖力越强，每窝最多可达12枚。在同一地区的繁殖个体，每年的产卵数与鼠类丰盛的程度成正比，有些猫头鹰在缺鼠的年份甚至不产卵，而在鼠旺的年份可比平常多产1~2倍的卵。

鹰击长空

鹰在蔚蓝色的天空中盘旋，那宽大的双翅，几乎遮住了太阳的半边脸，给地面上留下了一道阴影。它两眼不停地搜寻着猎物，当发现大地上的田鼠、雏鸡、野兔、麻雀等小动物时，便趁无人之际，收起翅膀，箭一般地俯冲下来，抓起猎物就远走高飞了。

在几千米高空飞翔的鹰，为何能在许多相对运动着的景物中去发现和准确地捕获小动物呢？这得从它的眼睛说起。鹰眼有两个中央凹，一个是正中央凹，一个是侧中央凹；这两个中央凹使鹰眼的视野近似球形，在视网膜上得到远距离的聚焦图案，从而能看清离它很远的物体。它眼内有一个敏锐的光感受器，视锥细胞的密度高达每平方毫米100万个以上，而人眼只有14.7万个左右，所以鹰能在高空准确地识别地面上的目标。当它俯冲下来时，随着距离的缩短，它的视网膜也随着收缩，焦距变短，在瞬间由远视变为近视，能清晰地看清近处的猎物而迅速地加以抓获。

鹰有许多种，我们平常所说的鹰，泛指苍鹰、雀鹰、赤腹鹰等；它的同类还有鸢、雕、鹫、隼和鹞等在白天活动的鹰隼类猛禽。体型大小不一，多为暗褐色羽毛，上嘴呈钩形，颈短，脚部有长毛，足趾有长而锐利的爪，目光敏锐，以小禽小兽为主食，也捕食蛙类、蜥蜴、蛇和大型昆虫。据清初利类思的《鹰论》所载，有一种神鹰，"不拘何种巨鸟，立时即攫，能击野雁、野鹅及兔、獐、麂、鹿等，每

苍鹰 摄影/宋晔

抉其眼而食其脑。声音猛厉。往往飞越于云端之上，从高击下，不知自何而来，且飞之极能耐久"。由此可见一斑。

中国《野生动物保护法》规定：所有猛禽都属于国家二级以上的重点保护动物，也是农林业和维持生态平衡的益鸟。根据《中华人民共和国野生动物保护法》的规定，国家对野生动物实行加强资源保护、积极驯养繁殖、合理开发利用的方针，鼓励开展野生动物科学研究。在具备驯养繁殖鹰的环境条件下，经林业行政主管部门核发"野生动物驯养繁殖许可证"，是可以驯养繁殖鹰隼类鸟类的。

古今中外，鹰一直被人们看作是勇敢、顽强和力量的象征。唐代大诗人杜甫的《画鹰》云："素练风霜起，苍鹰画作殊。㧐身思狡兔，侧目似愁胡。绦镟光堪摘，轩楹势可呼。何当击凡鸟？毛血洒平芜！"英国著名诗人艾弗·莱德·丁尼生的《鹰》云："曲爪紧攫巉岩，负烈日面荒原，屹立蓝天之间。下有海波激荡，凝视高山之脊，俯冲恍如霹雳。"这是在众诗人咏鹰中挑出的两首，它栩栩如生地刻画了鹰的神态及英勇，读来令人神往。人们在盛赞英雄勇士时，总爱用"雏鹰展翅"、"鹰击长空"、"雄鹰常在"、"像鹰一样勇敢"等词汇。也有的把"雄鹰"、"战鹰"、"神鹰"等作为飞机或飞行员的代名词。许多文学家、艺术家，更是以鹰喻人，以鹰赞人，画鹰、颂鹰和写鹰。

五代高越的《咏鹰》云："雪爪星眸世所稀，摩天专待振毛衣。虞人莫谩张罗网，未肯平原浅草飞。"今日之鹰已日渐稀少，饲养在动物园中的鹰虽然很健壮，生殖机能也没有什么问题，而繁殖后代已成为科研攻关的话题。嗟来之食，舒适的生活，不用在天空中搏击……这些可能使鹰的性本能在逐渐衰退。

扫一扫看视频

勺鸡

雀类中的小霸王——伯劳

　　伯劳又叫博劳、虎不拉，属雀形目，伯劳科。古乐府《东飞伯劳歌》中的"东飞伯劳西飞燕，黄姑织女时相见"，并由此产生的成语"劳燕分飞"中的"劳"，指的就是这一类鸟。

　　伯劳的种类有许多，遍布全国各地，常见的有4种：额和头顶前部淡灰色，背部大部呈灰褐色，腹部棕白色，尾羽有棕红色泽的称红尾伯劳；与红尾伯劳极相似，只是从头顶至上背部为纯石板灰色，尾羽、肩羽等处夹杂着暗褐色横斑的称虎纹伯劳；通体以灰褐色为主，翅与尾黑色，尾外侧羽毛呈鲜白色的称灰伯劳；伯劳中体型较大，从头顶到上背部的羽毛为浅灰色，前额和眼部周围浓黑色，上体其余部分呈红棕色，两翅及尾黑色，下体大部是白色的称棕背伯劳。

　　伯劳体长不过25厘米左右，但却兼有猛禽的特征，被人们称为"小霸王"和"屠夫鸟"。其性情凶猛，脚爪锐利，长着鹰一样的钩嘴，善于捕食小型兽类、两栖动物类、小鸟类及各种昆虫，即便体型较大的鹰隼也常被它追逐。平时，它喜欢独往独来，栖居在人烟稀少的平原和丘陵地带，常在树枝和灌木丛的顶部蹲着不动。一旦发现猎物便俯冲而下，一个高速冲刺就能逮住70米之外

红尾伯劳 ｜ 摄影/李汝河

的猎物，捕食后又回到原来蹲着的地方静候。

除猛禽外，大部分鸟类都是直接把整个食物吞咽贮存在嗉囊内，然后输送到胃里磨碎，进入到具有消化液的肠中继续加工，直到所分解的食物被吸收和排泄。对于吞咽不下的食物或无法用喙获得的食物，只能望洋兴叹。伯劳的进食方式比较奇特，较小的食物能一口吞进肚内，较大的食物则紧握在爪中，嘴脚配合将其杀死，撕扯、敲击而食之。有时干脆将猎物插在尖状和带刺的树枝上，或楔入石头裂缝及铁丝网的刺端，以便于一块一块地撕食，甚至能将肉中的骨头、皮毛等取出来扔掉。

棕背伯劳 ┃ 摄影/王尧天

在食物充足的时候，伯劳还将猎取的小动物穿在树枝上储藏起来，以备食物缺乏时用。有时食物储藏多了，并且失掉了新鲜味，伯劳也就弃之不管。于是，这些小动物经风吹日晒，便变成了又干又瘪的"木乃伊"。天长日久，一些穿挂着猎物的树枝竟长出了新枝和绿叶，把动物遗体牢牢地拴在中间。我们在野外发现树枝、尖刺等处穿着的老鼠、蜥蜴、螳螂和青蛙之类的遗体，就是伯劳导演出来的"恶作剧"。

虽然伯劳对猎物如此残忍，可它却是农林的重要益鸟。科学工作者为了证实伯劳的功绩，曾解剖了20多只红尾伯劳，发现它们的胃里叩头虫、金花虫、金龟子、天牛、椿象和螽斯占了全部食物的一半以上，其次是蝗虫和其他膜翅目昆虫，约占1/3。就连刚离巢3天的伯劳幼鸟，一天也要捕食各种害

虫30~50克。

　　说来也蹊跷，伯劳既不美丽，也不多情，但在中国的浩瀚古诗中，却是相思和爱情的象征。这里举唐代杨凌的《即事寄人》和孟郊的《临池曲》两诗为代表，可窥见一斑。前诗曰："中禁鸣钟日欲高，北窗欹枕望频搔。相思寂寞青苔合，唯有春风啼伯劳。"后诗曰："池中春蒲叶如带，紫菱成角莲子大。罗裙蝉鬓倚迎风，双双伯劳飞向东。"文学允许虚构，艺术允许夸张。为了表达少女的温柔多情，诗人借伯劳喻之于相思和爱情。这说明文学作品中的某些艺术形象，在特殊的情况下，并不完全与现实生活相协调，有其相对的独立性或虚妄性。

扫一扫看视频

虎纹伯劳

胡兀鹫：曾砸死过剧作家

希腊著名剧作家埃斯基洛，有一天在郊野旅行，嘴里还哼着曲子。正当游兴伴着歌兴的时候，忽然从天上掉下一只乌龟，不偏不倚，砸在他的头部，他当即死亡。肇事者是谁呢？当然不是天神，也不是对埃斯基洛有怨恨的仇人，而是猛禽中最出名的胡兀鹫。

胡兀鹫俗称大胡子雕、胡子雕、髭狗鹫，分布在非洲、南欧、中东、东亚及中亚，现极其稀少。这类鸟在青藏高原有"神鹰"之称，体长1米以上，两翼伸开足有3米多长。飞羽呈黑色，额和头顶淡黄色，颈、喉和胸腹乳黄色，胸部有黑色纵纹，背、肩、腰及尾上复羽银灰色。嘴大而侧扁，前端特别弯曲，像一个钩子。尤其显眼的是，颏下有一撮黑羽，就像一把山羊胡子，胡兀鹫这名字大概由此而来。

胡兀鹫主要栖息在人迹罕至的高山裸岩地区，也喜欢在食草动物较多的草原、冻原、石楠荒地等一带活动。为了觅寻食物，它一天可持续翱翔八九个小时，飞行高度常在海拔6000米以上。有几个登山运动员，曾在喜马拉雅山看见数只胡兀鹫在海拔8300多米的山脊上竞相盘旋。有时，它可以借助尾羽活动和初级飞羽的微微扇动，在离地面3~5米的高度作快速的贴地飞行。

胡兀鹫 ┃ 摄影/王尧天

虽然穿越峡谷风大，但即使是七八级的台风也奈何不了它，照样飞行和寻找食物。

胡兀鹫以食动物的尸体为主，有时也捕食年老体弱的羊、鹿、旱獭等活着的动物，乃至攻击人类。对于兔、鼠、鸟等一类的小型动物，往往捕捉以后囫囵吞食。与秃鹫等食尸动物不同的是，胡兀鹫不仅吃动物的肉和内脏，也吃骨头，似乎对骨头特别嗜好。

据报道，胡兀鹫能吞食长25厘米、粗4厘米的骨头。遇到大的骨头，胡兀鹫便将骨头从尸体上撕下来，用双脚抱住，凌空飞到百余米的高度向有岩石的地方猛砸，使之破碎，然后紧跟着下来啄食。如果一次没有摔碎，它就反复摔多次；实在砸碎不了，也只好作罢。所以在那些适合胡兀鹫砸骨头的山岩上，常常是残骨遍地。在出产乌龟的地方，胡兀鹫也将这种带壳的爬行动物照此处理。前面提到的那位剧作家，就是在胡兀鹫摔食乌龟时被砸死的，真是事有凑巧，不幸得很。

鬣狗能咬碎坚硬的骨头，是因为长着极其锐利的牙齿和强劲的咬肌。胡兀鹫同所有的鸟类一样既没有牙齿也没有咬肌，为什么能吞噬骨头而得以消化呢？除了它有一个富有弹性的食道外，还因为它的胃肠里有大量能释放盐酸的细胞。有人研究出，这种被许多人称为"酸胃"的胃肠道，竟比汽车蓄电池中的电解质还要强，能慢慢地溶解骨头而达到消化的目的。且大多数骨头含有丰富的营养物质，胡兀鹫的"酸胃"溶解了骨头，也就吸收了骨头所带来的营养，使之更加强健和更具有活力。

胡兀鹫的这种食尸习性，经常把渡鸦和秃鹫联系在一起，使渡鸦和秃鹫建立了深厚的友谊。每当发现尸体时，往往由机警的渡鸦先去啄食，并高声鸣叫，通知秃鹫和胡兀鹫。待秃鹫开膛破肚，将光秃秃的脑袋伸进尸体腹腔取食内脏时，胡兀鹫却落在远处观望。尸体的内脏被秃鹫吃得差不多了，胡兀鹫才降临而至，前来撕食骨肉。此时渡鸦则退到一旁，捡食被秃鹫和胡兀鹫弃下的肉屑。如果发现有威胁来临，渡鸦便鸣叫报警，让秃鹫和胡兀鹫知道，继而远走高飞。

吃死尸的秃鹫

被藏民称为"神鸟"的食尸羽族，除了渡鸦、鸢、胡兀鹫外，最多的是秃鹫。秃鹫又名秃鹰、食尸鹫，泛指一类以吃死尸为主的大型猛禽。体长1米以上，双翅伸开有2米多宽，体重高达10多千克。通体羽毛乌褐色，飞羽和尾羽更要黑些，眼大而明亮，啄和爪锐利而弯曲。最明显的特征是，头顶上长有稀疏、蓬乱、乌褐色的绒羽，脑后和颈部裸露，皮肤呈青蓝色，近肩处围着一圈淡褐色的羽毛，就像西方人用餐时围着的餐巾。对于秃鹫的这种英姿，唐代诗人韩愈在《南山》中赞曰："或宛若藏龙，或翼若搏鹫。"他把象征中华民族的龙和自然界中的鹫相提并论，足见秃鹫是多么了不起。

在中国境内，秃鹫终年留居在食草动物较多的西部山地和北部大草原一带。它虽然嗜食人的遗骸，但更多的是取食食草动物的尸体。在广

秃鹫 摄影/宋晔

阔的天际，要觅得地面上的某具尸体，必须具备强大的飞翔能力和持久的耐心，这就给秃鹫锻炼了一种节省能量的飞行方式——滑翔。即秃鹫在飞行时，凭着自己的智慧和力量，去捕捉人眼看不见的上升气流，借用浮力和本身重力的相互作用在高空盘旋，以便翅膀不鼓动也能长时间飘浮在空中，搜索地面上的动物尸体。

一旦发现目标，它便在空中仔细观察对方的动静，看对方是活的动物还是死的动物。如果对方长时间在一个地方丝毫不动，那就预示着找到了食物，但为防止暗算，上当受骗，还是小心为妙。它收起翅膀，飞到离目标较近的树上、岩石上或土岗上，再一次观察对方的动静，看对方的头是否摇摆，腹

部是否起伏，一经确认是死尸，便猛扑过去，用它的巨喙和利爪撕碎尸体，美滋滋地吃起来。

由于秃鹫的飞行高度在3000米以上，地面上的环境又很复杂，因而很难顺利地发现动物的尸体，有时不得不借助对渡鸦、鬣狗、鸢、狼等其他食肉动物的观察。如果它们觅食的活动引起了秃鹫的注意，它就迅速降低飞行高度作进一步观察，确实发现了食物，便立刻向食物点飞去。一具尸体，常常会招引无数只秃鹫（当然也有其他食尸动物），它们先取食内脏，再撕食皮肉，你争我夺，狼吞虎咽，其情景不啻饿虎扑羊，最后只剩下尸体的骨架。

就动物尸体来说，有衰老死的，有残杀死的、有疫病流行时死的，有新鲜和腐败的，秃鹫一概食之，似乎对腐肉更情有独钟。因为长期的食尸习惯，使秃鹫具备特殊的抗菌体质，能够抵御各种孳生病菌的侵入。在食物匮乏的时候，秃鹫有时也猎食小禽小兽和动物中的老弱病残者。吃死尸的秃鹫，好像是一座流动的"化尸站"，为保护自然界环境卫生默默无闻地忠于职守，人们称赞它是"自然界的清道夫"和"天生的收尸者"。

秃鹫 摄影/王尧天

追踪朱鹮

　　2013年5月21日，时任国家林业局副局长印红在国务院新闻发布会上，在谈到中国一批极度濒危的陆生野生动物正逐步摆脱灭绝的风险时说：朱鹮从1981年发现时仅存7只发展到野外种群和人工繁育种群总数超过1700只。这真是特大喜讯。

　　朱鹮又称朱鹭、红鹤，是亚洲地区特有的一种珍贵涉禽。成鸟身长约77厘米，体重1.5千克，全身羽毛洁白，飞翔时翼羽和尾羽下侧呈粉红色。嘴特长，稍弯，前啄略带红色，其余部分黑褐色。额顶、面颊裸露无羽，呈朱红色，脚和爪也是朱红色的。后枕部有数十根形如柳叶的羽毛，延伸成羽冠。看上去，似鹤如鹭，极其美丽。

　　《汉铙歌十八曲》载："谭苍醍醐云：汉初有朱鹭之瑞，故以鹭形饰鼓，又以朱鹭名鼓吹曲也。"这可能是中国关于朱鹮的最早史料。唐代张籍《朱鹭曲》载："翩翩兮朱鹭，来泛春塘栖绿树。羽毛如剪色如染，远飞欲下双翅敛。避人引子入深堑，动处水纹开滟滟。谁知豪家网尔躯，不如饮啄江海隅。"形象逼真地描述了朱鹮的形态特征和生活习性。晋代《尔雅注疏·释鸟》也载：

朱鹮 | 摄影/王尧天

"楚威王时，有朱鹭合沓飞翔而来舞，则复有赤者，旧鼓吹朱鹭曲是也。"朱鹮在历史上曾广泛分布于中国、日本、朝鲜半岛和俄罗斯东部，到20世纪五六十年代，由于人类活动改变了动物的生态环境以及过量的猎捕等原因，使朱鹮的分布区逐渐缩小。

在1981年5月之前，人们只知道全世界有5只朱鹮生活在日本新潟县的佐渡岛上，被列为国际指定的保护鸟类。为了使朱鹮得到保护而不致绝种，日本科技工作者背水一战，将这5只朱鹮全部捕捉圈养了起来，企盼通过人工饲养得到繁衍，终因近亲交配多年，繁殖力极其差，未能如愿。

1978年秋，中国科学院动物研究所派出一个调查小组，历时3年，行程5万多千米，足迹遍及东北、华北、西北9个省，最后于1981年5月在陕西省洋县发现了两个朱鹮巢：一个在金家河，一个在姚家沟，两巢相距2千米。经调查，两对成鸟属于一个群体，被命名为"秦岭一号朱鹮群体"。巢筑金家河的一对朱鹮，虽产下4枚卵，但育雏没有成功；巢筑姚家沟的一对朱鹮，却育有3只幼鸟。消息传开，轰动了世界动物学界。美、英、日等国的鸟类学者纷纷发来函电，随后又有数十名专家到现场考察，表示把拯救朱鹮的希望寄托于中国。

重新发现朱鹮以后，从国家到地方各级政府都十分重视。据介绍，从1983年开始在陕西省汉水之滨的汉中地区建立朱鹮国家级自然保护区，总面积达3万多公顷；1986年在原洋县朱鹮站的基础上扩充建立了陕西省朱鹮保护观察站；2002年5月6日，随着第一只朱鹮雏鸟在周至楼观台陕西省野生动物抢救饲养中心破壳而出，标志着朱鹮在秦岭北麓首次人工繁殖成功；2005~2006年，在洋县成功开展了两次人工繁育的朱鹮就地野化放归实践；2007年5月31日，在陕西省宁陕县实施首次异地野化放归26只繁育的朱鹮……此外，中国领导人还开展了向日本、韩国等国赠送朱鹮的活动，并和日本签订了"人与朱鹮和谐共存环境建设"技术援助项目。有报道说，2008年和2009年，日本将源于中国、经过人工繁殖养育的30只朱鹮，放归到新潟县的佐渡朱鹮保护中心。这一切举措，使朱鹮这一曾将灭绝的鸟类逐渐地摆脱了灭绝的厄运。

长角的鸟——黄腹角雉

鹿、羊、牛长角不足为奇，鸟长角就有些奇怪了。然而怪也不怪，自然界中确实有长角的鸟，黄腹角雉就是其中之一。

黄腹角雉，又名角鸡。分布区限于福建中部和西北部、广东北部、广西东北部及湖南东南隅。近年来在江西井冈山自然保护区亦有发现。是著名的中国特产珍禽。早在1977年，国际自然与自然资源保护联盟出版的红皮书所列的17种雉类濒危种类中，即有黄腹角雉。中国将其列为一级保护鸟类。

亘古至今，女性的美一直是人们推崇的主题，而对于男性的仪容，则往往不以貌美为贵，所称道的乃是渊博的学识和横溢的才华，因而有"郎才女貌"之说。鸟类却与人类不一样，雄鸟总比雌鸟漂亮得多，黄腹角雉也同样如此。著作家和画家在描绘鸟类形态时，也大都以雄鸟为蓝本。

黄腹角雉的样子很像老母鸡，体重近2千克。雄鸟的冠羽颜色前黑后红，身上羽毛大部分呈栗红色，上面布满镶有黑边的淡黄色卵圆斑，腹部淡黄色，看上去如花似锦。最显眼的是，头部两侧长有一对数厘米长的暗蓝色肉质角状突，俗称肉角。平时萎缩难以见到，发情时伸直如牛角一般，而且颜色变

黄腹角雉 │ 摄影/陈添平

得特别鲜艳。喉下还有一个深红色或黄蓝相杂的肉裾，亦称喉垂，好像小孩脖子上戴的口水围嘴。雌黄腹角雉则无肉角和肉裾，全身棕褐色，杂以黑色和白色眼状小斑纹，羽色没有雄黄腹角雉漂亮，显得有些臃肿。

黄腹角雉在野外生活于海拔800~1600米的山地林区，多为地势险要、气候湿润、无人来往的地方。平时单只或三五只的小群活动，夜晚栖息在树杈上。主要吃植物的嫩叶、芽和果实，也吃少量的昆虫。性情比较怯弱，人走近其身边，只要不惊动它，它仍可卧在隐蔽处不动。受惊时惊慌失措，一边发出像婴儿啼哭的"哇哇"叫声，一边仓皇逃窜。但飞得不高，也飞得不远，每飞三五米就得停下来重新振翅起飞，故有雉飞"崇不过丈，修不过三丈"的说法。古人在计算城墙面积时，就以高1丈，长3丈为1雉，并称城墙上排列如齿状的垛子为"雉堞"。

黄腹角雉在4~7月繁殖，求偶期间，雄鸟常高高竖起头上的肉角，一振一振地抖开艳丽的肉裾，在雌鸟面前大献殷勤。如果雌鸟有意，雄鸟便亮开一侧翅膀，嘴衔雌鸟的项部羽毛，进行踏背交配。成婚后不久，雌鸟就在地面或矮树上筑巢，每窝产卵3~5枚，有的只产1枚。卵呈黄麻色，形状与鸡蛋差不多。据井冈山自然保护区科研人员对黄腹角雉人工饲养的报道，雌鸟产卵时间大都在下午4~7时，3只雌雉共产卵7枚，最大重量为58克，卵径为57毫米×43毫米；平均重量为56.54克，卵径为58.2毫米×43毫米。

事实上，长角的鸟并非黄腹角雉1种。在西藏东南部，有一种黑头、红颈、脸裸出部分为金黄色、肉裾亦为黄色、上体满布白色和栗赤色眼状斑、腹部黑灰色的灰腹角雉；在西藏西南部狮泉河流域的山地，有一种黑头、红颈、脸裸出部分红色、通体大都黑色而有杂斑、并布满白色眼状斑的黑头角雉；在西藏南部春丕河谷及喜马拉雅山麓有一种黑头、羽冠的两侧有黑纹、肉角和肉裾蓝色、通体大都绯红而布满白色眼状斑的红胸角雉；自西藏东南部，向东至云南北部，四川、甘肃、陕西、湖北及湖南等地，还有一种黑头、肉角及眼周裸出部近蓝色、上下体大都深栗红色、满布灰色眼状斑的红腹角雉。它们都是国家重点保护动物。

美丽的白冠长尾雉

在全世界276种雉类中，盛产于中国的有56种，其中有19种为中国特产珍禽。早在三四千年前，我们的祖先就认识雉，殷商时期的甲骨文已有"雉"字出现。《诗经》中有"雄雉于飞，泄泄其羽"，"雄雉于飞，下上其音"、"雉之朝雊，尚求其雌"等诗句，对雉类鸟的生态作了生动的描述。据说在汉代，刘邦特别爱吃雉肉，但因吕太后叫吕雉，与太后之名犯忌，于是刘邦便将"雉"改称"野鸡"。正如《本草衍义》所述："汉吕太后名雉，高祖字之曰'野鸡'。"《尔雅》对雉还进行了分类，指出："鷂雉，青质五彩。鳪雉，黄色自呼。翟雉，山雉也，长尾。鵫雉，长尾，走且鸣。秩秩，海雉也。"《禽经》云："雉，介鸟也。素质五彩备曰翚雉，青质五彩备曰鷂雉，朱黄曰鷩雉，白曰鹎雉，玄曰海雉。"

在雉类家族中，白冠长尾雉典雅端庄，十分美丽，素有画鸡、花鸡、地鸡、翟鸡等称谓。主要分布在湖北、湖南、河南、安徽、陕西、山西、河北等地。雄鸟的头顶、喙、喉及后颈上部均为白色，眼下有一大块白色斑，从前额到脑后有一条大小不一的黑色环穿过；背部多为金黄色，下体深栗色而杂以白色，全身密布黑、褐、白等色的斑纹；尾羽共20枚，长1米以上，以中央两对为最长，呈银白色，具黑、栗两色并列的许多小横斑，羽缘处转为橘红色。雌鸟的羽色远不如雄鸟之华丽，个体较小，尾羽也短，仅0.3米；体羽大部分呈黄褐色，也有黑、褐、白等色组成的斑纹，下体为淡栗色。

白冠长尾雉一般生活在海拔600~1200米的落叶林区，尤其爱在两侧都是悬崖陡壁而阔叶树较多的山谷一带活动，夜晚在树枝上栖宿。食性很杂，以野果、草籽、昆虫和麦苗、豌豆、油菜等为食。在繁殖季节嗜食蝗虫、螽斯、夜蛾幼虫等动物性食物。平时虽很少鸣叫，但春分一过，雄雌之间"咕咕咕""啧啧咕"的叫得不停，好像情意绵绵地谈情说爱。受惊时，双方则发出

"归归归……"或者"呼呼呼夹夹夹……"的鸣声。

古语说:"雉飞若天,一往而堕。"白冠长尾雉能飞善跑,飞行速度比一般雉类都快。凭着它那特别长的尾羽的转动和扩张,不但能垂直起飞,而且还能在飞行中紧急刹车,骤然停止飞翔,直线降落。据有人观察,白冠长尾雉的尾羽是随着年龄的增长而增长的,幼雏无长尾,隔年雄雉尾长1米,3龄的尾长1.3米,4龄的尾长1.5米,6龄以上的尾长可达1.7米。

白冠长尾雉每年繁殖1次,在草丛中扒坑为巢,内垫有枯草、树叶、兽毛、鸟羽等。每窝产卵8~10枚,至少6枚,最多可产到14枚。卵色变化较多,多为油灰色,也有橄榄褐色或肉黄色。为争夺配偶,雄性之间常有激烈的争斗,强健的喙能啄破对方的肉冠,锋利的距,亦是进攻的武器。

除了白冠长尾雉外,还有产于日本的铜色长尾雉,产于华南、华东一带的白颈长尾雉,产于云南的黑颈长尾雉和产于台湾的黑长尾雉。虽然都叫长尾雉,可尾羽最长莫过于白冠长尾雉。

在古装戏剧中,武将的冠饰总少不了两根长长的羽翎。演员抓住羽翎耍来耍去,当向下弯曲再松手时,羽翎又弹了回去。这色彩艳丽、富有弹性的羽翎,是用白冠长尾雉雄鸟的中央尾羽制成的,它为演员的表演增添了不少风采。现今由于这种鸟属国家保护动物,禁止猎捕,其羽翎大都是用塑料仿照白冠长尾雉的尾羽做成的,也有的用圈养的山鸡尾羽衔接而来。

高原之珍——黑颈鹤

青海玉树结古以西约70千米处的隆宝滩，有一个隆宝湖。湖面上碧水如镜，芦苇纵横，水草丛生，生长着许多蛙类、鱼类和水生昆虫。一年一度，世界著名珍禽黑颈鹤飞到这里来产卵育雏，给这个寂静的高原沼泽湖泊增添了无限生机。

鹤科这个家族有15种，黑颈鹤是唯一的高原鹤类，基本上只生长、繁殖、越冬在中国。除青海省外，西藏南部和四川北部也有它们的繁殖群体，但数量很少，分布地区狭窄。国际鸟类红皮书和濒危物种公约都把它列为急需挽救的濒危动物，中国把它列为一级保护鸟类。它虽没有丹顶鹤那么漂亮，却也别具风姿：头顶裸露，呈朱红色，有微量的黑色短羽；全身披着灰白色的羽毛，颈部和尾羽为黑色；颈、嘴和脚都很长，抬头昂立时几乎与人齐高。正是因为黑颈鹤的躯体如此健美，又修颈高趾，常年往返于青藏高原和云贵高原，所以被鹤乡人们誉为"高原之珍"。

隆宝湖是黑颈鹤最大的繁殖区，海拔4200米，气候高寒多变，日温差在10℃以上。黑颈鹤之所以选择在隆宝湖繁殖，原因是这里地处偏僻，食物丰富，又有较高的芦苇、水草等水生植物作为"生儿育女"的屏障。每年3月中旬至4月初，黑颈鹤三五成群地从越冬地陆续迁来。在进入交配期之前，老鹤将跟随的幼鹤赶走，让其单独活动或与别的幼鹤结群。

观看黑颈鹤举行"结婚仪式"是颇有趣的。先是雄鹤在雌鹤面前翩翩起舞，雌鹤羞答答地站在一旁偷视斜顾。雄鹤跳了一阵之后，便停下来引颈高歌，大有"鹤鸣九皋，声闻于天"之妙。若雌鹤有情，就应声伴唱，并跳起欢乐的舞蹈迎接雄鹤的求

黑颈鹤 | 摄影/宋晔

爱，进而交尾婚配。

达尔文的淘汰学说认为，鸟类的这种互相献美，一是为着本身的生存，二是为着种的繁衍。自然界中的动物，通常是雄性多于雌性，为了得到配偶，雄性之间必然产生竞争，而献美又是竞争的一种形式。雌性似乎同人一样具有审美的智能，爱选择相貌雄伟、体魄健壮、歌声嘹亮、色泽艳丽的雄性为偶。这是一种有利的生物学适应，它保证着黑颈鹤向着优良的遗传性状传宗接代。

黑颈鹤筑的巢比较简陋，巢呈盆状，一般是用芦苇、莎草、苔藓等植物的茎、叶和花序堆砌铺垫而成。隆宝湖畔的黑颈鹤，5月开始产卵，每窝2枚，有的只有1枚。卵很大，呈黄褐色，夹杂着斑点。

黑颈鹤孵雏是很辛苦的。高原的初夏，气候多变，一会儿暴风，一会儿雨雪，正在抱窝的黑颈鹤却安静地伏在巢里，一动也不动。孵化时，雄鹤和雌鹤轮流换班。每当一鹤入巢，另一鹤便在附近的芦苇丛中警戒。这期间，天上的鹰隼，地上的蛇蝎，都使它们百倍警惕。即便在觅食时，每啄几下也要伸长颈部巡视四周，遇到敌害侵袭，便迅速往远离巢的地方飞去，同时发出鸣叫，似有将敌害引走、保护另一鹤安全孵卵之意。

卵经过32天左右的孵化，雏鹤便破壳出世了。出壳后，小鹤便能蹒跚步行。一个星期以后，小鹤就可以跟随双亲到浅水滩的草丛中觅食蝌蚪、昆虫和小鱼。雏鸟特别好斗，亲鸟如不调解，往往是必有一死。加上天敌，雏鹤的夭折率特别高。许多老鹤，双双辛苦了一个夏天，以至一子不存。大概这就是黑颈鹤这个家族不够兴旺的原因。幸存的雏鹤发育很快，8月下旬羽翼丰满，即能向亲鸟学习飞翔，10月初便离开养育它的故乡，随亲鸟南迁。据考察，黑颈鹤的越冬地在云贵高原，主要集中在云南中甸附近的纳帕海、贵州威宁附近的草海以及滇西北丽江的拉市海、宁蒗的沪沽湖等地。

黑颈鹤 摄影/王尧天

文化鸟——丹顶鹤

　　丹顶鹤古称白鹤、仙鹤，是世界著名的大型涉禽。体长约1.2米，全身羽毛大都白色，头顶裸露无长羽，呈朱红色。尾短，颈、脚和嘴很长。黑色的次级和三级飞羽弯曲成弓状，当两翼折叠时，覆盖在白色的尾羽上面，常被人误认为尾羽。由于丹顶鹤修颈长脚，潇洒秀丽，举止优雅，多为画家、摄影爱好者所钟爱，又被诗人、作家所赞颂，因而是古今闻名的文化鸟类。古籍中所记载的鹤，即指的是丹顶鹤，它是鹤类中的代表。

　　丹顶鹤的繁殖地在东北亚，黑龙江西北部一些人迹罕至的荒草沼泽地和芦苇滩是它的大本营。每年早春，融雪尚未消尽，一群群的丹顶鹤飞到这里繁衍后代。扎龙自然保护区最早在3月初，已能见到迁徙来的丹顶鹤，但也有迟至4月中下旬的。丹顶鹤一般产卵2枚，偶尔3枚，由雌雄鹤轮流抱窝。经过1个月的孵化，雏鹤便可出世。先破壳的雏鹤，往往将后出壳的雏鹤置于死地。这种生存竞争，是鸟类中少见的。

　　雏鹤为早成鸟，出壳后即能蹒跚行走，四五天后就可以跟随双亲一块觅食。3个月后便可学习飞翔，能跟随双亲飞出较远的距离。到10月中上旬，秋风阵阵，地上见霜，北国已经深秋了。丹顶鹤忍受不了寒冷的折磨，便拖"儿"带"女"，陆续南迁了，最晚的也不会迟于11月中旬。除日本北海道基本为留鸟外，丹顶鹤的越冬地主要在长江下游湖泊地区和沿海一带以及朝鲜半岛中部。

　　《淮南子·说林训》载："鹤寿千岁，以极其游。"《抱朴子》也称："千岁之鹤，随时而鸣"。这未免有点夸张，但丹顶鹤的确是鸟类中的寿星，寿命长的能活50~60年。许多国画家喜欢把丹顶鹤和松树画在一起，作为长寿的象征，并美其名曰："鹤松延年"、"松龄鹤寿"。其实，丹顶鹤只栖居在沼泽地带，从不栖居在松树上，即便迁飞小憩，也只停留在泛水或湖中小洲的草丛中，"松鹤图"不过是艺术创作的一种想象。而仙道和高僧乘鹤飘逸的神话，更给丹顶鹤涂上了一层神秘的色彩。如《列仙传》载："王子乔者……见桓良曰：'告我家，七月七日待我于缑氏山巅。'至时，果乘白鹤驻山头，望之不得到。"《述异记》载：荀瓌"憩江夏黄鹤楼上，望西南有物飘然降自霄汉，俄顷已至，乃驾鹤之宾也。"骑鹤升仙，以至成为许多人的奢望，有民谣称："腰缠十万贯，骑鹤上扬州。"

中国是鹤类之乡，历史上淮河以南、长江中下游的沼泽湿地，到处可见丹顶鹤的身影，还变野鹤为家养。《毛诗义疏》载："吴人园中及士大夫家皆养之。"《方舆胜览》说：晋朝时的大将羊祜镇荆州时，"江陵泽中多鹤，常取之教舞，以娱宾客"。由是江陵泽名为"鹤泽"，连江陵郡这县名也称"鹤泽"。宋代有位名叫林逋的隐士，孑然一身，隐居在杭州西子湖畔的孤山，以种梅养鹤自娱，人称"梅妻鹤子"。沈括的《梦溪笔谈》还记载："逋常泛小艇，游西湖诸寺。有客至逋所居，则一童子出，应门延客坐，为开笼纵鹤。良久，逋必棹小船而归。盖常以鹤飞为验也。"当林逋游西湖有客人来时，书童放鹤报信，林逋见到鹤，就立刻归来会客，而鹤又复入笼中。这段生动如画的描述，反映了中国古代驯鹤的高超技巧。

当代呢？类似这样的故事当然听不到了。但为了增加野外丹顶鹤的数量，使这一濒危物种兴旺起来，许多人正在进行丹顶鹤的人工繁殖和驯化研究。据报道，扎龙自然保护区自1979年建立以来，便开始了人工饲养、繁殖丹顶鹤的工作，并逐渐形成散养和放飞种群，30多年来人工繁殖丹顶鹤超过800只。经DNA检测，人工繁殖的丹顶鹤与野生丹顶鹤没有什么差异。奇妙的是，经他们驯养的多批丹顶鹤，居然改变了南来北往的候鸟生活习惯，深秋时节不再南飞，成为本地的留鸟。

丹顶鹤 摄影/于凤琴

鄱阳湖上白鹤美

　　碧波荡漾的鄱阳湖，历来是珍贵候鸟栖息越冬的乐园。这里气候温和，水草繁茂，鱼虾丰富，湿地面积广而大，生态环境的保护工作在逐年加强。每当秋末冬初，大批远道飞来的白鹤、白鹳、天鹅、秋沙鸭、鸳鸯、白琵鹭等珍禽，便翩然而至，越冬避寒，给鄱阳湖增添了无限生机。

　　早在1984年2月29日，《人民日报》就报道：在鄱阳湖地区，发现了世界上最大的白鹤群；经江西鄱阳湖鸟类考察队实地考察，这群白鹤共有840只左右。鄱阳湖国家自然保护区监测的数据显示，1998~2014年，鄱阳湖区分布有稳定的越冬白鹤种群，平均数量为三四千只，占全球已监测到的白鹤数量的98%。

　　白鹤为大型涉禽，比丹顶鹤还要大，体长1.4米左右，全身披着纯白色的羽毛，唯有初级飞羽呈黑色并覆盖在尾上，故有人称为黑袖鹤。它的体型极像丹顶鹤，头顶和脸裸露，长颈短尾，高足长喙，只是颈侧无黑纹，喙和脚呈暗红色，无丹顶。看上去素裳玉立，婀娜多娇，妩媚可爱，所以又被人们称为雪鹤或修女鹤。还有西伯利亚鹤、辽鹤等称谓。古人因对鹤类动物区分不细致，只觉得白鹤与丹顶鹤相似，因而常常把这两种不同的鹤混为一谈，或者统称为鹤。

　　如果在隆冬去鄱阳湖观赏白鹤，那倒是极为有趣的事。在那离水面不远的湿地或泛水沼泽处，成群结队的白鹤，忽而遥上晴空，展翅疾飞；忽而信步蹚涉，戏波弄影。当一对白鹤在一块觅食时，其中一只会突然停下来，含情脉脉地望一下自己的伴侣，然后低头行个鞠躬礼；对方受到宠爱，立刻以同样的方式还礼。接着，一对情侣鼓动双翼，踏着节拍，夫唱妇随，跳起了欢乐的舞蹈。这个序幕一拉开，其余的白鹤也成双成对地跟了上来，连那些孤鹤和尚未婚配的幼鹤也乐意加入这个舞蹈盛会。正因为如此，我们常常会看到白花花的一大群白鹤翩翩起舞，相互嬉戏，或者绕着湖面飞来飞去，蔚为壮观。

白鹤对栖息地的环境要求相当高，只生活在气候适宜、食物丰富的湖泊湿地、草原沼泽地、苔原沼泽地及泛水沼泽地。白鹤常单独、成对和集群活动，以苔藓、水草、鱼虾、螺蚌、青蛙、昆虫等为食。巢筑在沼泽地较高处的芦苇、杂草丛中，极为隐蔽。一般产卵一两枚，最多3枚，雌雄鸟共同孵卵育雏。幼雏之间极其好斗，互相残杀，一方有机会就猛啄另一方，另一方也不示弱，直到其中1只或2只被啄死为止。如果亲鸟外出觅食不在巢旁，就更容易发生这种事。在同一巢内2只或3只幼鹤都能长大的极为罕见。这也许是白鹤这个家族不太繁盛的原因之一。

白鹤是仅次于美洲鹤和丹顶鹤的珍稀濒危鹤类，被世界自然保护联盟列为极度濒危物种，也是中国一级重点保护动物，目前全球仅监测到3000~4000只。据历史文献记载，黑龙江、吉林、辽宁三省曾是白鹤的繁殖区。而近二三十年来经过调查，并没有发现白鹤在中国境内繁殖的迹象。目前所知，白鹤的繁殖区主要在西伯利亚的科雷马河三角洲、英迪吉尔卡河和

勒拿河下游之间的地区，鄂毕河下游与鄂尔齐斯河的汇合处也有少量的繁殖种群。

每年，成群结队的白鹤从西伯利亚的这些繁殖区出发，在吉林的莫莫格国家级自然保护区停歇一段时间以后，再飞迁到鄱阳湖越冬，待2月下旬到3月初，气温回升到10℃以上时，又逐渐地北返，至三四月份春暖花开之时全部迁完，越冬期150~160天。

白鹤万里迁徙路，情系中俄两国人。为了共商白鹤的保护机制，确保这一种族的繁荣，2014年12月16日，中国和俄罗斯专家学者聚集在江西共青城举行了国际白鹤论坛。俄罗斯科学院西伯利亚分院苔原带生物问题研究所英格尔·贝赛佳托娃在论坛上说：原本日本、韩国、阿富汗等国家也有白鹤迁徙，但随着全球气候变化，加上人的密度不断增加，以及生态环境等因素，白鹤迁徙的越冬地在不断缩减。"鄱阳湖湿地是中国最大的淡水湖泊湿地，保护着利于白鹤生长的生物链，拥有着非常好的生态环境，所以成了白鹤越冬的最佳地区。"

白鹤 | 摄影/段文科

锦鸡俩"兄弟"

在古典文献中，锦鸡有被称为天鸡的，郝懿行的《尔雅义疏》曰："天鸡，出蜀中者，背文扬赤，膺文五彩，烂如舒锦，一名锦鸡。"又有宝鸡之名，陕西宝鸡这地名，原名叫陈仓县，唐肃宗时，因此地盛产锦鸡而更名宝鸡县，以取锦鸡啼鸣之瑞。其实，锦鸡有俩"兄弟"："老兄"叫红腹锦鸡，"老弟"叫白腹锦鸡，都是中国特产珍禽，也是世界上著名的观赏鸟。

红腹锦鸡也称金鸡，是雉科中最美丽的鸟类之一。雄鸟头上长有金黄色丝状羽冠，一直覆盖到脑袋的尾部；后颈围以橙棕色带黑条的扇状羽毛，就像扣上了一个披肩；腹部全都深红色；上背部的羽毛蓝绿色，背的其余部分和腰部都为金黄色；尾羽特别长，占据体长的2/3以上，呈黑褐色而具黄白色斑驳。这套五彩衣的互相衬托，显得浓妆绚丽，光彩照人。但雌鸟却逊色得多，全身几乎都是棕褐色，密布着黑色的横斑或虫蠹状细点和粗斑；尾羽也没有雄鸟的长，呈棕褐色并杂以黑色斑纹。

红腹锦鸡分布于青海、甘肃、陕西、贵州、湖北、湖南、广西等地。常单独或成对在岩石或峭壁上活动，亦来往于矮树丛及竹林间，夜晚则栖息在较高的树枝上。以多种植物的种子、嫩叶为食，也吃一些小型动物。冬季食物缺乏时，便结群到冰雪溶化的耕地中觅食。此鸟善于奔走，很少飞行，如遇障碍，才半亮双翅，滑翔而过。在每年四五月的繁殖时期，雄鸟之间常为争夺配偶而进行激烈的格斗，甚至斗得羽毛脱落，头破血流。只有获胜者才能任意向雌鸟求爱，一旦交尾，便在草丛、岩隙或竹林中产卵育雏。20世纪70年代，英国皇家动物园为了采集锦鸡的形态资料，特地派一名摄影记者来中国，他为拍摄锦鸡格斗这一精彩镜头，竟蹲在红腹锦鸡出没的地方长达半个月之久。

白腹锦鸡又称银鸡或铜鸡，体型和红腹锦鸡相似，可与红腹锦鸡媲美。雄鸟头上长有金属绿色短羽，羽冠呈鲜红色；后颈披一片白色且具蓝、黑色边缘的披肩；腹部为白色，前胸和上背均为棕蓝色；尾羽很长，黑白相杂，密布横斑。尤其是在求偶期间，常把羽冠挺起，肩羽铺开，羽毛变得更加耀眼夺目。再加上奔走时轻盈婀娜的姿态，真是漂亮极了。而雌鸟的羽冠、披肩却不发达，尾羽较短，全身灰褐色带黑横斑，和雄鸟比起来太不般配了。

白腹锦鸡分布于西藏、云南、贵州、四川、湖南等地，主要栖息在海拔2000~4000米的高山岩石峭壁处，秋冬季迁到山麓，常二三十只成群在一起活动。以昆虫和蕨类的叶子等为食，特别爱吃竹笋，故有人称之为"笋鸡"。此鸟虽然"一夫多妻"，但在繁殖期间，大都一雄一雌生活在一起。四五月份繁殖，巢筑在人迹罕至的山坡上，随便扒一个浅土坑，里面铺垫一些杂草、羽毛、树叶等柔软物。每窝产卵5~9枚，卵呈椭圆形，浅黄褐色，重约50~70克。

由于锦鸡俩"兄弟"羽色艳丽，灿烂如锦，故历来受到诗人墨客的钟爱。宋代文同有一首《锦鸡》诗，将锦鸡的风采描写得极为传神。诗曰："高原濯濯弄春晖，金碧冠缨彩绘衣。石溜泻烟晴自照，岩枝横月夜相依。有时勃窣盘跚舞，忽地钩辀格磔飞。寄语人间用矰缴，瑶台鸾凤好同归。"明代胡俨的《锦鸡图》则以平铺直叙的笔法，从各个侧面描绘锦鸡的华丽和生态特征。其诗曰："我今画图写生态，羽毛五色光陆离。扶桑天鸡啼一声，阳乌散彩天下晴。此时山鸡亦出谷，喔喔飞来耀林麓。千岩万壑含东风，杏花吹香春雪红。

顾影徘徊自爱惜，扬翘耸翅纷蒙茸。竹上花间日正高，向阳吐绶垂花绦。吴陵蜀锦织不得，戴胜偷眼惊伯劳。切莫临溪照碧流，对镜逢人舞便休。舞多目眩终颠仆，世人空诧韦公赋。"还有北宋那个画家皇帝赵佶，画了一幅传世名画《芙蓉锦鸡图》，并题词曰："秋劲拒霜盛，峨冠锦羽鸡。已知全五德，安逸胜凫鹥。"词中的"五德"据古人解释，指的是雄性锦鸡"头戴冠者，文也；足傅距者，武也；敌在前敢斗者，勇也；见食相呼者，仁也；守夜不失时者，信也"。

锦鸡也是封建时代犯人盼望皇恩大赦的偶像。新皇登基或国家重大喜庆，往往要举行天下大赦仪式。即把罪犯集中在一起，竖长杆，顶立金鸡，在击鼓声中宣读赦令，以示恩赐。有史料载，公元561年，北齐武成帝高湛即位，大赦天下，其日设金鸡。宋孝王不解其意，跑去问知识渊博的司马膺："赦建金鸡，其义何也？"答曰："按《海中星占》之说，天鸡星动，必当有赦，今皇帝登基庆典必设金鸡。"据《新唐书·百官志》载："古颁赦诏日，设金鸡于竿，以示吉辰"；"赦日，树金鸡于仗南，竿长七尺，有鸡高四尺，黄金饰首，衔绛幡长七尺，承以彩盘，维以绛绳。"李白因李璘事件受牵连而流放夜郎时，就写过一首盼赦诗："我愁远谪夜郎去，何日金鸡放赦回？"

红腹锦鸡 | 摄影/王尧天

"格斗勇士"褐马鸡

话说2000多年前的一天，汉武帝刘彻在咸阳宫举行大典。礼毕，司仪官宣布斗鸡活动开始，汉武帝也下殿观看。顿时，从左右两只笼子里冲出两只褐马鸡来，它们像格斗勇士，先互相对峙，然后短兵相接。一场厮杀，搅得羽毛到处乱飞；阵阵喙啄，弄得双方头破血流。然而谁也不肯退却，谁也不肯认输。大约过了喝一盅茶的时间，其中一只被啄得羽损目瞎，精疲力竭，可它仍不示弱，再振精神，向对方猛扑过去。但它一个趔趄，对方趁势用坚硬的嘴猛啄其颈部，因伤击要害当场毙命。至此，汉武帝就座，对群臣曰："……武将应具褐马鸡直往赴斗、虽死不置之精神，才能安邦定国，抚慰百姓。朕今授之以鹖冠，以之鼓励。"于是，满场武将都戴上了皇帝赐给的插有褐马鸡尾羽的帽子。

三国魏时曹操作《鹖鸡赋序》曰："鹖鸡猛气，其斗终无负，期于必死，今人以鹖为冠，像此也。"自汉武帝开创赐鹖冠之风，历代帝王相沿成袭，希望武将学习褐马鸡这种视死如归的精神，为保卫国家而好勇斗狠。清王朝还把褐马鸡的尾羽和孔雀的羽毛作为官吏品级的标志，即所谓兰翎（马鸡翎）和花翎（孔雀翎），让受封者效忠于皇权。国外亦有人高价收购褐马鸡尾羽，用以装饰帽子和作为室内的摆设。

褐马鸡又称鹖鸡、黑雉、角鸡。如其名所言，它身上的羽毛以褐色为主，腿脚和面孔鲜红色。尾羽共有22枚，前半截白如棉花，后半截呈深蓝色，略带光泽；中央两对特别长且大，而且羽支披散成发状，高翘于其他尾羽之上。两颊裸露，在两只大圆眼睛周围镶着一道金边，像是戴着一副金丝眼镜。特别引人注目的是，耳后环绕着、整个颈部生长着一圈白色的羽毛，并向头顶伸出，好似两只白色的角。此鸟在雉科动物中，虽算不上国色天姿，可也有几分风采，颇逗人喜爱。

褐马鸡的体形比较大，成鸟一般有2.5~3千克重，连尾巴算上，至少有1米长。它白天活动在灌木、杂草丛中，晚上栖息在大树的枝杈上，以植物的嫩叶、根茎、芽孢、种子等为食，也啄食昆虫、蠕虫等小动物。除了繁殖期外，平时多为群居生活，常一二十只在一起，由一到两只叫声最洪亮的大雄鸡担任领队，连喝水也是在大雄鸡的令下群趋共饮。其飞行能力虽然很差，只能从高处往低处滑翔，但为了逃避敌害，求得生存，却练就了一套过硬的本领——奔跑的速度比骏马还快。"褐马鸡"这名字，也许与此有关。

春天是褐马鸡的繁殖季节，也是它们最活跃的时候。雄鸡尾羽高翘，昂首伸颈，用粗粝的鸣声吸引异性。此期间，雄鸟之间特别好斗。两雄相斗，只有在一方取得胜利以后，才可同雌鸡婚配，再成对地散居生活。它们营造的巢非常简单，只是在茂密的树下或杂草丛间的地面低洼处胡乱地铺点枯叶干草，便开始产卵抱窝。卵呈淡褐色，每窝8~10枚，平均重56克。孵化期25~27天。雏鸟只认"母亲"不认"父亲"，时刻不离老母鸡的身旁，随着老母鸡到处找东西吃，晚上钻到老母鸡的翅膀下进入温暖的梦乡。经过100

褐马鸡 | 摄影/王尧天

多天的抚育，雏鸡日渐长大，羽毛也丰盛了起来，此时便离开母亲，开始独立生活。

在褐马鸡的故乡，前人常把褐马鸡弃去的卵捡起来，在找不到归宿的情况下，放在家鸡的蛋里一起孵化。小褐马鸡长大以后，不仅可以同家鸡和睦相处，而且还可以跟猫、狗混在一起。喂养过褐马鸡的人都知道，在一年之内，只要在四五月份的发情期放出去，它们就会到野外寻找自己的同伴，对情侣间的眷恋而恢复自己的野性，以至不再回来。动物园饲养的褐马鸡虽然可以产卵，但大多不愿抱窝，必须请家鸡代劳，或采用人工孵化的办法孵出雏来。

褐马鸡是中国的一级保护动物，也是中国的特产珍鸟之一，目前仅分布在山西宁武、岢岚一带及河北西北部的一些少数地区。中国鸟类学会把褐马鸡的图案作为会标。山西省已将褐马鸡定为省鸟。在国际雉类协会的会徽上，三只鸟的图案中有一只是褐马鸡。有关单位已在褐马鸡的集中产地山西芦芽山、庞泉沟和河北小五台山建立自然保护区，以保护这一珍禽的种群。

扫一扫看视频

红胁绣眼鸟

"大鸨"名称的名堂

大鸨简称鸨，别名有称地鵏、羊鵏、羊须鵏、羊须鸨的，也有称野雁和独豹的。追溯它的名称由来，名堂倒有不少。

传说远古时期此鸟集群生活时，总是70只在一起形成一个大家族。人们在给它起名字的时候，就与它的集群只数联系在一起，在"鸟"字旁的左边，加上"七十"，由此而得名为"大鸨"。正如宋代陆佃之所云："鸨性群居，如雁有行列，故字从（七十）。（七十）（音保），相次也。诗云：鸨行是矣。"

又有传说，大鸨是"万鸟之妻"，没有自己固定的配偶，只有雌鸨而没有雄鸨，无论什么鸟都能同它交配，因而旧时称老妓女及开设妓院、拉客的女人为老鸨或鸨母。这种说法，在典籍中记载比较多。如中国最早的国别史著作《国语》载："鸨，纯雌无雄，与它鸟合。"明代朱权《丹丘先生曲论》载："妓女之老者曰鸨。鸨似雁而大……喜淫而无厌，诸鸟求之即就"。清代《古今图书集成》载："鸨鸟为众鸟所淫，相传老娼呼鸨出于此。"现代文学家聂绀弩《论鸨母》亦载："鸨，淫鸟，借指妓女。"

这真是强加于大鸨的不白之冤，一点事实根据也没有。大鸨是生活在草原上的最大的栖鸟类，雌雄个体差异不大。一般体高60厘米左右，体重10~15千克。头小，颈长，背部平，尾羽短，背羽为斑驳的沙棕色，两翅大都灰白色，自胸部以下渐转白色，脚上有3个向前伸展的趾头。《埤雅》道："鸨似雁，无后趾，毛有豹纹，一名独豹。"

雌雄鸨最大的区别是，雄鸨喉部两侧各长有一簇长须状羽毛，向顶部斜生，长10厘米以上，很像羊的胡须，俗称"婚羽"；而雌鸨没有这种长胡须，且体形较雄鸨略小。由此，"羊胡鸨"、"野雁"这名称算是说对了。再仔细观察，雄鸨在发情期间，习惯将尾羽翘得高高的，翅膀和颈部的羽毛也一根根地竖起来，并从喉部伸出气囊，将胸部鼓成球状，在雌鸨面前一边"丝、丝、丝"地鸣叫，一边一摇一摆地来回扭捏，样子十分好笑。这种求偶炫耀，在雌鸨身上也是找不到的。

据有人研究，大鸨的雌雄配比很不协调，雄鸨只占雌鸨的1/5或1/4。恒定的性别比决定了大鸨的"一夫多妻制"。春夏之交的繁殖季节，雄鸨像公鸡一样欢蹦乱跳，见到雌鸨紧追不舍，一旦交配完毕，就会远走高飞，另觅新欢，很难再聚到一起。于是，筑巢、孵卵、育雏的任务全部落在雌鸨的身上。这又给人们造成了大鸨"纯雌无雄"的错觉。

《诗经·唐风·鸨羽》曰："肃肃鸨羽，集于苞栩"、"肃肃鸨翼，集于苞棘"、"肃肃鸨行，集于苞桑"。生动地描述鸨在栎树、酸枣丛和桑树丛中"肃肃"地抖动翅膀的场面。但由于大鸨肉味鲜美，卵大而富有营养，鹕（前胸）肉尤其细嫩清香，是著名的野味，所以历来成为狩猎的对象，还有"上有天鹅，下有地鹕"之说。称谓"地鹕、羊鹕"等，概源于此。历史上因其过度的猎捕，再加上自然条件的变化，使这一种群遭到了灭顶之灾。英国早在1938年大鸨已经绝迹，中国的大鸨目前也数量不多，被列入国家一级保护动物，任何人不得染指猎捕。

大鸨 | 摄影/王尧天

天鹅之美

　　位于新疆巴音布鲁克草原的珠勒图斯山间盆地，是一个东西长30千米、南北宽10千米的高山沼泽湖泊。这就是中国第一个被国务院批准的国家级天鹅自然保护区、目前亚洲白天鹅集中的繁殖地——巴音布鲁克天鹅湖。

　　看着成千上万只天鹅在碧波荡漾的湖面上嬉戏，人们会自然而然地想到世界著名芭蕾舞剧《天鹅湖》中的奥杰塔公主，她那洁白的羽裳，轻盈的体态，翩跹的舞姿，高雅的风格，再加上生动的故事情节，把天鹅的优美形象再现在舞台上，给观众留下了深刻的印象。

　　的确，天鹅是美丽的，也是纯洁、浩大、吉祥和神圣的象征。在中国古籍中，它被称为鹄、黄鹄或鸿鹄。梁代简文帝诗云："池清戏鹄聚，树秋飞叶散。"宋代苏东坡诗云："水光兼竹净，时有独立鹄。"秦代商鞅《商君书·画策》载："黄鹄之飞，一举千里，有必飞之备也。"汉代贾谊《惜誓》载："黄鹄之一举兮，知山川之纤曲；再举兮，睹天地之圆方。"唐杜甫和孟浩然更是以"举头向苍天，安得骑鸿鹄"和"壮志吞鸿鹄，遥心伴鹡鸰"的诗句，来形容志向之远大。而天鹅之名，最早出现于唐代李商隐的诗句："拨弦警火凤，交扇拂天鹅。"《本草纲目》释"天鹅"名由道："吴僧赞宁云：凡物大者，皆以天名。天者，大也。则天鹅名义，盖亦同此。"

来巴音布鲁克天鹅湖繁殖的有大天鹅、小天鹅和疣鼻天鹅。大天鹅是游禽类中体形最大的种类，体长1.2~1.6米，体重8~12千克，头颈的长度几乎超过躯体的长度，全身洁白的羽毛无一丝杂色，裸露的嘴基部呈黄色延伸到鼻孔以下，啄、腿和蹼为黑色，眼棕色，鸣声像人的咳嗽声，游泳时脖子伸展与水面成直角。小天鹅与大天鹅体形相似，同样是长长的脖子，纯白的羽毛，黑色的啄、腿和蹼，所不同的是体长约1.1米，体重5~7千克，嘴基部的黄色裸露部分仅限于嘴基部的两侧，其鸣声清脆，如同"叩叩"的敲打声。疣鼻天鹅的体形也与大天鹅有些相似，体长1.2米以上，体重超过10千克，全身羽毛白色，嘴赤红色，嘴基部和前额之间有明显的黑色疣状突起，雌鸟疣突不明显，游泳时脖子弯成"S"形，两翼向上半展，其鸣声低沉而沙哑，故又被称为哑天鹅或赤嘴天鹅。

天鹅是候鸟，每年春天从长江以南、印度半岛乃至非洲南部大群地飞迁，在新疆、内蒙古、青海、黑龙江直到西伯利亚等地的水泊沼泽处产卵育雏。秋凉以后，天气变冷，它们又结队迁徙到南方原来生活过的地方过冬。江西的鄱阳湖即是著名的天鹅越冬地之一。在巴音布鲁克天鹅湖栖息的天鹅，大都是从印度洋沿岸，越过喜马拉雅山而迁徙来的。它们不畏数千千米的旅途艰辛，不惧从水面到高空的气流变化，翱翔在几千米的高空上，年复一年地寻找故地，给这个洁净碧绿的高山沼泽湖泊增添了无限生机。

大天鹅 | 摄影/于凤琴

天鹅的寿命大约10~20年。其生活习惯大都喜欢过集体生活，经常数只、数十只、成百只地聚集在一起，以水生植物、草类和谷物为主食，也吃昆虫、贝类及鱼虾。觅食时常将头部扎入水中，身体的前半部伸进水内，后半部露出水面，不会潜水。游弋的天鹅体姿特别好看，身子像条小船，显得悠悠荡荡，自由自在。可是一旦登陆，天鹅却变得笨拙起来，行动相当缓慢。起飞时在水面上踏水的时间较长，一经腾空，便头颈伸直，两腿向后，振翅有力，边飞边鸣。

在种类繁多的鸟类中，天鹅保持一种稀有的终身伴侣制。你要是去巴音布鲁克天鹅湖观赏天鹅，往往会看到这样一种有趣的情景：雄天鹅在湖面上昂首挺胸，踏着脚蹼，双翅拍水，追逐着雌天鹅；雌天鹅一边羞答答地往前游，一边回首弯颈频频点头，用自己的鸣叫声接受雄天鹅的求爱，身后留下一圈圈涟漪。那一对对的爱侣，白天比翼飞翔蓝天或并肩、忽前忽后戏游在湖中，夜晚双栖于草丛中，共进梦乡，全都洁身自好，忠贞不渝。若一方丧偶，另一方哀鸣不息，不食不眠，甚至殉情，即使活了下来也终身不再另配。

天鹅大多筑巢于浅水滩上的苇丛间，巢的外围比较松散，中央紧凑，内铺苇叶、苔藓和羽毛等杂物。每个天鹅的巢至少相距100米。每逢春末夏初，雌天鹅便开始产卵，隔天或数天产1枚，每窝5~7枚。一对天鹅一年只孵雏一次。在雌天鹅孵卵的时候，雄天鹅则在近处水面警戒护卫，一遇危险，雄天鹅立刻发出信号，同雌天鹅一道落于水面并同时用双脚和两翼划水，以加快速度将敌害引走。如果雌天鹅需要离巢取食，雄天鹅就马上顶替上去接着孵卵。经过30多天的孵化，雏天鹅破壳而出。在双亲的羽翼下，将潮湿的羽毛温干后，即可以跟随亲鸟下水游泳和觅食。在巴音布鲁克天鹅湖出世的雏天鹅，生长得特别快，6月中旬破壳，7月初就比出生时的体重增加5倍，9月底体驱就长到接近于成鸟。

大天鹅 ｜摄影/刘哲青

泛泛水上闲鸥客

江浦寒鸥戏，无他亦自饶。

却思翻玉羽，随意点春苗。

雪暗还须浴，风生一任飘。

几群沧海上，清影日萧萧。

读了杜甫的这首五言诗《鸥》，使人仿佛看到了鸥的英姿：在那波涛汹涌的海面上、在那水光潋滟的江河里，成群结队的鸥时而鼓动双翅，翱翔在天空中；时而漂浮在水面上，如浮萍般随波逐流；时而尾随在船舶的后面，盘旋追逐嬉戏……显得格外优雅闲适，俊秀美丽，风韵独特。

鸥是水陆空都可以生活的鸟类，古代还有鹥、水鸮、江鹅、闲客等称谓。《诗经》曰："凫鹥在泾"。注云："凫好没，鹥好浮，故鹥一名沤。今字从鸟，后人加之也。"《仓颉解诂》："鹥，鸥也。"《说文》载："鸥，水鸮也。"《本草纲目》解释得详细些："鸥者浮水上，轻漾如沤也；鹥者鸣声也；鸮者形似也。在海者名海鸥，在江者名江鸥，江夏人讹为江鹅也。"而"闲客"之名，则出自宋人李昉。此人有好鸟之癖，常在园亭中畜养五禽，各以"客"字命名：鹤为"仙客"，孔雀为"南客"，鹦鹉为"陇客"，白鹭为"雪客"，白鸥为"闲客"。还有那个不得志的刘长卿，写过一首出名的《弄白鸥歌》："泛泛江上鸥，毛衣皓如雪。朝飞潇湘水，

红嘴鸥 | 摄影/王尧天

夜宿洞庭月。归客正夷犹，爱此沧江闲白鸥。"

　　鸥的种类相当多，常见的有银鸥、燕鸥、黑尾鸥、红嘴鸥、白翅浮鸥、白额燕鸥等等。除少数为小型种之外，一般均为大型鸟。共同特点是羽毛以白色或灰白色为主，翼长而尖，尾羽呈尖形或剪刀状，嘴扁尖，有的嘴前端钩曲，脚趾有蹼，善于游泳而不会潜水，鸣声清脆响亮。

　　其飞行时鼓翼慢，两翅展开超过体长，能毫不费力地迎风飘举或顺风滑翔。长途迁徙时，日飞数百千米，颇适于在海上长途旅行。有人认为这类鸟是在空中张着双翼睡觉的，只有在饥饿时才着陆或入水捕获点食物。长时间的空中飘然生活，使它停在陆地或水面上时竟不能把长翼舒适地折入翼侧羽毛之内。

　　鸥主要分布在沿海各地和江河湖泊，常数百、成千上万只聚集在一起，过着群居生活。位于澎湖本岛北方、小白沙屿东方的鸟屿，便生活着数以万计的海鸥。中国台湾《冠羽》杂志曾刊登日本蜂须贺正的《琉球鸟类研究》，文中叙述榎木桂树在台湾北方三小岛的旅行时说："船经过澎佳屿不久，出现一小岛，乍看如冰山，但比起澎佳屿，离岸又更远了。由望远镜看去，以天空为背景，这岛有清晰的白云，外围随时模糊，仿佛正要狂怒的暴风雨。这个奇景，老船长解释，那是数万只栖息岛上的海鸟，它们的白色粪便所造成。早些年，这个岛叫鸟屿，现在叫棉花屿，约一里长宽度。取名棉花岛非常有意思，因为这个岛看来就像一大串棉花，尤其是海鸟飞到空中时。"

　　鸥不怕狂风巨浪，具有坚强、勇敢、善斗的精神。所谓"让暴风雨来得更猛烈些吧！"便是它们的写照。在第二次世界大战期间，美国海军为偷袭中途岛上的日军，要在一个荒岛上修飞机场。刚一动工，就遭到海鸥的抵抗。

银鸥 ｜ 摄影/李汝河

一时间，漫天的海鸥俯冲而来，一边狂叫，一边拉屎，一边用利嘴、翅膀和脚蹼与美军搏斗。美军气急败坏，派飞机狂轰滥炸。鸟尸越堆越厚，而空中的鸟群却越来越多。后来，美军又施放毒气，海鸥像落叶一样纷纷坠下，尸积如山。机场是修好了，但"战争"并没有结束，那些幸存的海鸥，不是在飞机场上阻止飞机起飞，就是在空中冲撞飞机使其坠毁，直到美军无法征服这些海鸥，不得不撤离该岛。

历史上，鸥为消灭害虫害兽是立过功的，无论是蝗虫、夜蛾、金龟子、步行虫，还是田鼠、姬鼠和黄鼠，它都能捕食。据《旧唐书》记载：公元737年，"贝州蝗食苗，有白鸟（银鸥）数万，群飞食蝗，一夕而尽。"《酉阳杂俎》也载："开元中，贝州蝗虫食禾，有大白鸟数千，小白鸟（白翅浮鸥）数万，尽食其虫。"美国在1848年开发西部圣地亚哥地区时，突然遇到了蝗灾，幸亏附近的盐湖上飞来数万只海鸥，将蝗虫全部歼灭，使居民们避免了饥饿。后来，人们为了表彰海鸥的功绩，还在圣地亚哥市建造了一座海鸥纪念碑。

鸥也是海员和渔民们的益友。在无边无际的海洋上，海鸥常鼓噪在礁岩的附近，这对航海者无疑是发出提防撞礁的信号；同时它还有沿港口出入飞行的习性，每当航行迷途的时候，或者浓雾弥漫之时，只要观察海鸥的飞行方向或追踪其行迹，就能很快地找到港口和拨正航向。鸥对天气的变化非常敏感，如果群鸥归岸，嘴中"告——告"叫个不停，那就预示着台风和暴雨即将到来，应采取防御措施。尤其应提到的是，鸥还充当了渔民的捕鱼向导，由于它嗜食鱼类，渔民们根据它们的觅食动向可判断鱼群的活动，以便下网捕鱼。在海滨和江滩上，鸥还是"义务清洁工"，对于人们抛弃的残食和动物的尸体，它们能吃得干干净净，以保持河水和海滨的清洁。

北极燕鸥 ┃ 摄影/胡斌

戏水鸳鸯惹人爱

　　假如你去福建省屏南宜洋鸳鸯、猕猴自然保护区观赏水禽，最惹人喜爱的莫过于鸳鸯。它们鹣鹣鲽鲽，相依相伴，神态自若，举止优雅。迎着碧水如镜的溪流，那双双对对的鸳鸯，时而跃入水中，伸长颈子，两翼击水，互相追逐嬉戏；时而爬上岸来，抖掉身上的水珠，用橘红色的嘴梳理着漂亮的羽毛；时而又群起展翅掠过树梢，在游人的头顶上盘旋。

　　鸳鸯雌雄鸟区别很大。雄鸟羽色光彩绚丽，头部有多种颜色组成的冠状羽毛，眼后有白色的眉纹，翅上有一对粟黄色的扇状帆羽。雌鸟的羽色比较朴素，背部呈苍褐色，腹部纯白色，无冠羽和扇状帆羽，体形也比雄鸟小。李时珍在《本草纲目》中说：鸳鸯"终日并游，有宛在水中央之意也。或曰：雄鸣曰鸳，雌鸣曰鸯。"还有人认为"鸳鸯"实为同音字"阴阳"转化而来，取此鸟"止则相偶，飞则相对"的特性。

　　自古以来，鸳鸯一直被人们看作是爱情的象征，经常出现在文学作品中。如李商隐的《鸳鸯》云："雌去雄飞万里天，云罗满眼泪潸然。不须长结风波愿，锁向金笼始两全。"吴融的《鸳鸯》云："翠翘红颈覆金衣，滩上双双去又归。长短死生无两处，可怜黄鹄爱分飞。"曹组的《鸳鸯》云："苹洲花屿接江湖，头白成双得自如。春晚有时描一对，日长销尽绣工夫"等等，均是千古绝唱。《搜神记》中还有这样一个故事：战国末年宋国国君宋康王暴虐无道，溺于酒色，他强占韩凭的妻子何氏，并将韩凭囚禁起来。韩凭受不了这口怨气，含冤自杀。何氏得知丈夫死讯，终日以泪洗面，悲恸欲绝。宋康王为给她解闷，陪她到楼台上赏景，不料她纵身一跳，坠地身亡。宋康王从她的衣带中搜出一封遗书："王利其生，妾利其死，愿以尸骨赐冯合葬。"宋康王看后大怒，命人把何氏埋葬在韩凭坟墓的对面，让她夫妻俩可望而不可亲。过不多久，两坟之上各长出一棵梓树，树根在地下交缠而生，树枝在空中彼此环绕。又有鸳鸯，雌雄各一，朝夕在树上交颈悲鸣。人们说这是韩凭夫妇的化身，在诉说他们的不幸遭遇。长诗《孔雀东南飞》的结尾亦云："两家求合葬，合葬华山傍。东西植松柏，左右种梧桐。枝枝相覆盖，叶叶相交通。中有双飞鸟，自名为鸳鸯。仰头相向鸣，夜夜达五更。行人驻足听，寡妇起彷徨。"

在日常生活中，人们对一些成双成对的物品，还常常冠以鸳鸯之名。如鸳鸯鞋、鸳鸯被、鸳鸯枕、鸳鸯剑、鸳鸯瓦……甚至连那两色并存、两物相似的现象，也用鸳鸯来命名。如忍冬因其花黄白各半，被称为鸳鸯藤；菊花常相偶者，名鸳鸯菊；人的面孔左右大小有区别者，叫鸳鸯脸；广西梧州有条河，地处浔江与桂江的汇合处，水色一浊一清，因而得名为鸳鸯江。至于画家或绣工以鸳鸯为题材，画出的画或制作出来的工艺品，则比比皆是。《白孔六帖》载："古人图鸳鸯于绣衣上，以其贞且义也。"时至今日，仍有用鸳鸯的图形绣在被面、枕套和服饰上的。男女青年结婚，亦有贴鸳鸯窗花的习俗。

由于鸳鸯习惯于雌雄双栖，交颈而眠，唼喋并游，所以过去一直被人们认为是"匹鸟"。即对爱情十分专一，生死与共，如一方死去，另一方则独身，乃至殉情而亡。《淮安府志》还有这样的记载："成化六年十月间，盐城大踪湖，渔父弋一雄鸳，刳割置釜中煮之。其雌者随棹飞鸣不去，渔父方启釜，即投沸汤中死。"为了心爱的伴侣，居然赴汤蹈火，这只雌鸳鸯简直是殉节的烈女。

然而事实果真如此吗？吉林长白山自然保护区的科学工作者经过多年考察，发现雌雄鸳鸯在繁殖初期，或者说"恋爱阶段"，确实情意缠绵，难分难舍，相互神魂颠倒了几个月。但是一旦交配完毕，雄鸳鸯便忘却旧情，同别的异性配对去了，尔后孵卵育雏的重任，全由雌鸳鸯承担。学者们又将成对的鸳鸯捉去一只，剩下的一只无论是雌鸟还是雄鸟，不仅没"独身"，更没"殉情"，反而很快另觅新欢了。这样进行多次试验，得到的结果都是一样的。

鸳鸯基本上是候鸟，每年3月底、4月初在内蒙古和东北的某些泛水地带繁殖，9月底、10月初在华东、华南一些地方越冬。在南来北往的征途中，它们又经常在河北、山东、陕西等地作短暂的逗留，故在许多地方的湖面上能看到它们的倩影。据调查，云南、贵州一带发现有少量的鸳鸯在当地繁殖生息，成为当地的留鸟；吉林长白山北麓的头道白河是鸳鸯的集中繁殖地，被人们称为鸳鸯河；而福建省屏南县双溪镇的白岩溪，又是著名的鸳鸯越冬地，被人们称为鸳鸯溪。这条长11千米、宽50余米的鸳鸯溪，几乎每年都有上千只鸳鸯到此过冬，现已划归屏南宜洋鸳鸯、猕猴自然保护区。

鸳鸯 | 摄影/于凤琴

"捕鱼郎"鸬鹚

　　游览桂林山水或江河湖泊，我们常常会看到一叶扁舟载着几只鸬鹚，划船的渔民一手摇桨，一手拿着一条细长的竹竿，慢悠悠地在水面上游荡。忽然，渔民将竹竿往船上轻轻一拍，嘴里一声吆喝："跳！"只见这些鸬鹚像健壮的跳水运动员，"扑通"一声一齐入水。过不多久，它们又先后从船的前后左右冒出水面换气，然后又一头扎进水里捕鱼。如此反复多次，直到嘴里衔满了鱼，才纷纷游到小船边，让渔民提到船上，轻轻地挤出喉袋里的鱼来。

　　鸬鹚属鹈形目，鸬鹚科，俗称鱼鹰、鱼鸦、水老鸦、摸鱼公、捕鱼郎，还有个骇人听闻的名字，叫乌鬼。沈括在《梦溪笔谈》中记载："世之说者，皆谓夔、峡间至今有鬼户，乃夷人也……克乃按《夔州图经》，称峡中人谓鸬鹚为'乌鬼'。蜀人临水居者，皆养鸬鹚，绳系其颈，使之捕鱼，得鱼则倒提出之"。杜甫还有"家家养乌鬼，顿顿食黄鱼"的诗句。

普通鸬鹚 ｜ 摄影/王尧天

这类鸬鹚大多是人工驯养繁殖的，有的数代传种沿袭。雌雄鸬鹚极其相似，体长约80厘米，全身羽毛黑色，肩羽和大复羽的边缘呈鳞片状，带绿色的金属光泽。嘴强大有力，呈长而狭圆锥形，上嘴的尖端有钩，喉部有不太明显的白纹。脸裸出部分为黄色，眼绿色，脚黑色，四趾间有蹼相连。生殖季节，雄鸬鹚的头和颈部长满了白色丝状羽。

人类利用动物捕鱼肇始于鸬鹚。据《鸟在中国》的作者肖方介绍，鸬鹚捕鱼的历史相当悠久，在浙江河姆渡遗址出土了一些鸬鹚遗骨，黑龙江密山市新开流遗址不仅出土了骨制鱼钩、鱼卡、鱼标、鱼窖，还出土了骨雕的鸬鹚，长7.3厘米，头宽1.3厘米，距今约5000年，当时可能已经开始驯育鸬鹚捕鱼。文字记载较早的鸬鹚捕鱼，见《隋书·列传第四十六》："气候温暖，草木冬青，土地膏腴，水多陆少。以小环挂鸬鹚项，令入水捕鱼，日得百余头。"

唐人杜荀鹤《鸬鹚》云："一般毛羽结群飞，雨岸烟汀好景时。深水有鱼衔得出，看来却是鸬鹚饥。"民间也道"鱼见鸬鹚骨也软。"的确，鸬鹚捕鱼的本领是相当高的，它能在离水面10米之处看清鱼的活动，并以迅雷不及掩耳之势钻入水内进行追捕。其潜水深度为1~7米，有的高达9米以上，时间长达71秒。特别奥妙的是，鸬鹚的食道前端有一个膨大的喉囊，可以暂时贮藏在水下捕获到的猎物。遇到大鱼，几只鸬鹚就联合作战，有的咬住鱼头，有的咬住鱼尾，有的咬住鱼鳍、鱼身，一起把鱼抬出水面，让渔民用网兜捞上渔船。只有当捕鱼结束了，渔民才解开套在鸬鹚脖子上的绳环，让它饱餐一顿鱼后，亮开双翅晾干羽毛，再收船回家。

目前，野生鸬鹚在全国许多地方均有分布，大多栖息在内陆湖泊或人烟稀少的海岛上。鸬鹚喜欢集群活动，青海湖、内蒙古、东北及新疆西部是它们的主要繁殖地，冬季到南方各省、海南岛及台湾越冬，甚至成为这些地方的留鸟。每到春末夏初，鸬鹚便开始营造群巢，并发出粗犷刺耳的"喀—啦、喀—啦"叫声，择偶婚配。巢很简单，筑在靠近水面的峭壁或树枝上，内铺水草、羽毛等杂物。一窝产卵2~4枚，卵像鸭蛋，由雌雄鸟轮流孵卵，孵化期28天雏鸟出壳。喂养雏鸟的方法较为奇特，亲鸟张开大口，雏鸟将嘴伸进咽部，从亲鸟的食道里掏出半消化的鱼来。雏鸟极聪明，跟随亲鸟学艺三五天，就能单独下水捕鱼。

虽然鸬鹚善于捕鱼，但对渔业资源危害较大。有报道说，欧洲伏尔加河三角洲有一个鸬鹚群，一个夏季吃掉了四五千吨鱼。有人估计荷兰的鸬鹚群在整个繁殖季节消耗了当地鱼类的1/10。

人工驯养繁殖野生鸬鹚，必须取得林业行政主管部门核发的《野生动物驯养繁殖许可证》，在指定的范围内作业。且养殖鸬鹚捕鱼不利于发展鱼类生产，一只鸬鹚所捕的鱼与其全年所吃掉的鱼不相匹配，得不偿失。因而许多地方不提倡这种作业方式，只是在旅游区偶见有人驯养鸬鹚表演捕鱼，以赢得游客的欢心。

扫一扫看视频

鸱姬翁

普通鸬鹚 | 摄影/于凤琴

"钓鱼翁"翠鸟

　　在一片不大不小的池塘里，一只翠鸟蹲在水边的矮树上，静静地注视着水面。突然挟紧双翼，头朝下尾朝上，"咚"的一声，笔直地俯冲入水，嘴像镊子一样迅速地捕住了一条刚露出水面的小鱼，急转身飞回到原来的位置。然后将嘴里叼着的小鱼，往自己蹲着的地方猛击数下，再将鱼向上抛起，使鱼头朝下，不偏不倚正好落在口内，慢慢地吞进肚里。

　　翠鸟有许多种，常见的普通翠鸟分布在全国各地的淡水区域。体形有点像啄木鸟，但尾羽很短，体羽艳丽而带有金属光泽。背、翼、尾为蓝绿色，腹部赤褐色，嘴长而呈黑色或红色。脚短小，珊瑚红色，足趾并靠在一起，不善于在地面上行走。多在湖边、池塘、沼泽及多树的溪边活动。一般不与邻为伴，单独或成对在一起，时不时紧贴水面飞行，伴以"唧——、唧——、唧——"的尖锐鸣声。捕起鱼来，几乎百发百中，很少失败。而对于不易消化的鱼骨和鱼鳞，待聚集到一定量的时候，再成块状地吐出来丢弃。

　　由于翠鸟捕鱼像老翁垂钓那样等待鱼儿上钩，或者如同老翁垂钓一样待鱼上钩以后揭竿而起，故在台湾称之为"钓鱼翁"。清朝乾隆年间，范咸撰《重修台湾府志》（1747年）叙述说："钓鱼翁，尝宿水道，伺鱼食之。"称谓"钓鱼郎"、"啄鱼郎"、"鱼狗"等也是这个意思。翠鸟还有个很少被人们知道的名字，叫"翡翠"。《禽经》曰："背有彩羽曰翡翠。状如鸡鹬，而色正碧，鲜缛可爱。"

翠鸟为什么能够准确地捕到鱼呢？除了它的特殊生理结构外，最主要的是眼内含有一种柔软的透视体。它蹲在岸上虽然距水面有几米或十几米远，但看得清水下半米深的地方。就在它捕鱼潜入水内的瞬间，眼睛周围的肌肉经过收缩，透视体剧烈变形弯曲，视网膜也就能精确地调节因光线的折射而造成的视差，从而不致看错猎物的所在位置。再加上它行动神速，体羽不沾水，会估量鱼的游速，在小鱼未来得及逃遁之前就抓获了。

对于翠鸟如此高超的捕鱼绝技，古人早就有所觉察，并写入诗文中。如唐代著名文学家陆龟蒙《翠碧》："红襟翠翰两参差，径拂烟华上细枝。春水渐生鱼易得，莫辞风雨坐多时。"钱起的《衔鱼翠鸟》："有意莲叶间，瞥然下高树。擘波得潜鱼，一点翠光去。"明朝完璞琦公的《鱼虎子图》："翠羽画殊绝，窥鱼秋水深。忽来知险意，静立见机心……"形象逼真地再现了翠鸟捕鱼的情景，宛如给读者画了一幅写真画。

鸟类一般在树上或草丛中筑巢，翠鸟却在塘岸、湖边的土壁上凿穴为巢，洞口朝水向。当它选择好营巢的地点以后，便像直升机一样悬吊在土壁上，用凿子般的利嘴向前猛冲，一点一点地凿土。在它能够进入土穴的时候，就钻进去趴在穴内凿土，用爪和嘴将土块扒出洞外。成功的巢穴呈环状，深半米以上，顶端有一宽大的孵卵室，全都铺上雪白的小鱼骨骼和鱼鳞，形成产卵和孵雏的垫被。每窝产卵5~7枚，经过20多天的孵化，雏鸟破壳而出。

翠鸟喂雏时很有秩序，当亲鸟到达时，就挡住了进出口的光线。这似乎不用通知，所有的雏鸟像排队一样向前移动，张开嘴接受亲鸟的饲喂，均得到其应得到的一份。由于亲鸟没有打扫巢内卫生的习惯，雏鸟所排出的稀薄粪便，往往随着倾斜的洞穴流淌到洞外，如果没有雨水冲刷，便成了人们寻找翠鸟巢穴的标志。

翠鸟 ｜摄影/宋晔

小䴙䴘 | 摄影/王尧天

"水葫芦"小䴙䴘

有一句歇后语："水里按葫芦，按进一个钻出一个。"鸟类中则有一个不用人按，就能自己在水里钻进钻出的水葫芦——小䴙䴘。

"水葫芦"是小䴙䴘的别名，系䴙䴘目中较小而灵活的一种水禽。长相有点像鸭子，但比鸭子小，体长仅24厘米左右。体羽多为黄褐色，下体余部纯白色，眼红色，褐色的嘴前端呈橘黄色，脚和趾也是橘黄色的。分布于日本、印度、斯里兰卡、缅甸、泰国、马来西亚等国家和中国东部沿海及长江中下游各地。

游禽的双脚大多长在其重心的胸腹部偏后的下方，唯有䴙䴘目中的鸟类双脚长在身体的最后方，以小䴙䴘更为明显。这正如唐代陈藏器《本草拾遗》所说的"脚连尾"。另一个显著特点是每一个脚趾周围各有一个独立的蹼膜，脚趾张开之后形如花瓣，被著名鸟类学家郑光美称之为"瓣蹼"。这有利于小䴙䴘的游泳和潜水，当它的双脚前后划动时，其作用如双桨，亦可把握行进中的速度和方向，快慢停转，行动自如。再加上小䴙䴘羽毛致密，不沾水，身体呈长圆形，翅膀短小，几乎没有尾羽，游泳和潜水就没有多大的阻力，使之速度更快更省力，优哉乐哉。

人们常说："鱼儿离不开水。"小䴙䴘也是离不开水的。它主要生活在江河、湖泊、水塘、沼泽等处，陆地上几乎寸步难行。虽然可以飞翔，但飞得不高也飞得不远，只善于潜水和游泳。小䴙䴘以鱼、虾、螺及水生植物和昆虫等为食，遇到鱼儿在水中前冲后撞，它还会在水内左奔右拐，上翻下沉，迅速地将鱼逮住，囫囵地吞进肚内。在受惊时，小䴙䴘一般不起飞，只是迅速地潜水躲藏，过了几分钟以后，再从另一处水里钻出来观察周围的动静。如发现情况仍然不妙，就再潜入水中，又换一个地方从水里钻出来看一看。如此反复，直到它认定安全才浮出水面。有趣的是，当小䴙䴘遇到敌害时，还能把雏鸟放在背上游走逃跑，潜水时则把雏鸟挟在翅膀下面，拖"儿"带"女"一大群。正因为如此，台湾原住民称小䴙䴘为"水避仔"。还有称"王八鸭子"的，这是由于它像鳖一样，潜入水中时间长了，就要将尖嘴伸出水面呼吸一阵子。

小䴙䴘通常一雌一雄，实行"一夫一妻"制，也有的雄鸟占据有"三妻四妾"、雌鸟是喜新厌旧的。雄鸟在一起时，还时常发生激烈的争偶斗争。每年5~9月，小䴙䴘进行繁殖。它的巢大都筑在水草丛生的地方，巢呈皿状圆锥形，下大上小，用芦苇、蒲草等水生茎秆编织而成，内垫苔藓、羽毛、草叶等柔软物，浮在水面上，犹如一只小船，能随水位的高低而升降。一窝产卵4~8枚，卵为绿白色，每枚重量8克左右。

在繁殖期间，小䴙䴘为了防止牛背鹭、小嘴乌鸦等偷袭鸟巢，常常在外出觅食时用杂草将巢里的卵盖住。到了卵产齐以后，才开始孵卵。孵卵期为18~24天，由雌鸟和雄鸟轮流承担孵卵的任务。水上的温度时冷时热，坐巢后要经常用嘴轻轻地翻动卵，使卵受孵的温度平衡。有时发生洪水，亲鸟还一面在巢里孵卵，一面随着这种浮巢漂流，待漂流到一个隐蔽的地方，再修补一下受损的巢窝，重新"安营扎寨"。

雏鸟是早成性鸟，一出壳就能睁开眼睛，全身披着金黄色的绒羽，随亲鸟在水里游泳、潜水和觅食，并能很快地学会钻入水中躲避敌害的技巧。

小䴙䴘 | 摄影/王斌

神奇的企鹅

南极洲的气候十分寒冷，年平均气温在-25℃以下，绝对最低气温达-88.3℃，也曾出现过-94.5℃的记录。长年累月雪片纷飞，天寒地冻，风大且多，一切有生命的东西仿佛都在挣扎，唯有企鹅却在冰面上蹒跚漫步，欣喜若狂，神气十足。

企鹅的样子十分可爱，两脚短，羽毛丰厚，两只小翅横翘，有一个洁白的胸脯、蓝色或黑色的背部和头部，上重下轻，走起路来左右摇摆，如同西方穿着燕尾大礼服的绅士。当人们接近企鹅时，它们或若无其事，或左顾右盼，或窃窃私语，憨态可掬，并不避让。如果你去抓它，它们便会围拢过来，用嘴啄你，用翅拍打你，直到你把抓着的企鹅放下才肯罢休。

企鹅在南极是一个大家族，少者数十只在一起，多者数万只成一群。据说还有十几万只群居在一个岛上的。它们之中有许多不同的种类。为数最多的是阿德利企鹅，它与众不同的是，眼周围有一道白圈，很像架着一副金丝眼镜，被人戏称为"博士"。数量最少的是帝企鹅，它体躯庞大，有1.5米高，40多千克重，是企鹅中最大的一种。而最漂亮的要算巴布亚企鹅了，它那红掌、艳啄、黑翅，在洁白的胸脯映衬下，显得秀丽晶莹，冠冕堂皇。

别看企鹅大腹便便，不会飞行，可在水里却异常活跃，游泳的速度每小时30千米，潜游的速度

企鹅 ┃ 摄影/李汝河

每小时可达8.3千米。在水底下，企鹅一般每隔3~5分钟出水呼吸一次，有时长达十多分钟才露出水面换气。特别是朝幽暗的海底俯冲，比鱼还快。它的深潜技术也很高，能潜入260米的深度，这在用肺呼吸的海洋动物中，只有海豚和鲸才能同它相比。企鹅退化的双翅，在陆地上行走是平衡身体的支柱，在水中生活既是划水的双桨，又是搏斗、御敌的武器；而双脚则是变更方向的舵。一旦遇到敌害对付不了，便可跃出水面一米多高再停落在冰块上。

企鹅纵横在数千里的大海上觅食，鱼虾和乌贼是它的佳肴。在同苦寒和疾风的搏斗中，它锻炼出了一种特殊的本能：在饱餐一顿以后，即使数星期乃至数月不进食，依赖体内贮存的脂肪也能坚持住。企鹅的集体观念很强，当不可抗拒的飓风和严寒到来时，它们便一个一个地挤在一起，利用其特别浓密的羽毛相互取暖。平时有什么活动，队伍总是排得整整齐齐，并由一领队站在前端进行指挥，犹如经过训练一般。

除了繁殖期外，企鹅的雌雄是很少长期在一起的。特别是帝企鹅，每年3月初，当南极大陆秋季来临时，为首的便组织成千上万只企鹅，离开海洋向古老的繁殖区迁徙。一路上，它们自由地选择配偶，欢快地引吭高歌。老企鹅凭对方的歌声，能很快地认出去年的爱侣，"牛郎织女"相会，显得格外亲昵。到5月中旬太阳在天际只露出半个脸面，前后不过10多分钟，夜晚长达23个小时。雌企鹅此时便把在繁殖区产下的卵，交给雄企鹅，自己又到海洋觅食去了。

雄企鹅接过卵以后，可说得上是又惊又喜，为了繁衍后代，它不得不承担爱侣交给它的孵卵任务。它把卵捧在自己的脚上，抵住下腹部，同时从腹部垂下一片皮毛，把卵盖住，用体温来孵化。这时正是南极最苦寒的日子，而它却不吃不喝地坚守岗位，忍受着寒冷和饥饿的熬煎。经过约65天的孵化，雄企鹅体内的过剩脂肪几乎消耗遗尽，体重减轻了1/3，幼雏才破壳而出。值此7月下旬，长得身躯肥硕的雌企鹅回来认子了，使雄企鹅重新得到去海上休养生息的机会。

鹪鹩的别名——巧妇鸟

在中国华南、西南、华中、东北、西北等地区，经常可以看到一种体长10~15厘米、羽毛棕褐色并带有黑斑点的小鸟，有时在树林里飞来飞去，有时站在溪边的石头上翘起短尾巴，有时在草丛中跳跃奔跑，看上去短胖短胖的。这种鸟名叫鹪鹩，原产在美洲的热带森林里，现广泛分布在欧洲、美洲和亚洲。

晋代张华在《鹪鹩赋·序》中曰"鹪鹩，小鸟也，生于蒿莱之间，长于藩篱之下，翔集寻常之内，而生生之理足矣。色浅体陋，不为人用，形微处卑，物莫之害，繁滋族类，乘居匹游，翩翩然有以自乐也。"这种鸟有许多别名，富有寓意的是叫"巧妇鸟"。如《庄子集释》成玄英疏曰："巧妇鸟也，一名工雀，一名女匠，亦名桃虫"。杨雄《方言》："自关而东，谓之土雀，或谓之女匠。"郭璞注："桃雀也，俗名为巧妇。"民间还有《巧媳妇》的故事：传说很久以前，有一个恶婆娶了一个儿媳妇，这个媳妇既聪明又勤劳，被人们称为"巧媳妇"。尽管"巧媳妇"没日没夜地侍候恶婆，但却被恶婆虐待致死，变成了鹪鹩，所以人们称鹪鹩为"巧妇鸟"。

其实，称鹪鹩为"巧妇鸟"或者"工雀"、"巧妇"、"女匠"等，均是指鹪鹩筑巢的习性和高超的技巧。《庄子·逍遥游》中就有"鹪鹩巢于深林，不过一枝"的话，并由此产生了成语"鹪鹩一枝"（也用来说明以天地万物之大，鹪鹩不过仅仅巢于一枝）。陆玑在《毛诗草木鸟兽虫鱼疏》中也描述鹪鹩："似黄雀而小，其喙尖如锥，取茅莠为窠，以麻紩之，如刺袜然，悬著树枝，或一房，或二房。幽州人谓之鹪鸠，或曰'巧妇'"。

鹪鹩的巢大多筑在接近地面的下层林木地带，也有的筑在岩石隙洞中或柴草堆的隐蔽处，同周围的环境十分协调。即使你走到巢边，也不容易发现它。巢的形状呈圆形，侧面开有进出口，里面铺垫着羽毛、草叶、兽毛、苔藓、破布等东西。更为奇妙的是，巢的上面还有"屋顶"，这同敞口巢比较，不仅可以避雨遮阳，而且可以防寒保暖，无疑要先进得多。

　　一般说来，鸟类是用声音或舞姿求偶，而鹪鹩却用自己筑的巢求偶。在繁殖期间，雄鹪鹩修筑了许多没有成功的巢，然后把这些巢介绍给它喜欢的某只雌鹪鹩，以此作为"定亲礼"，再由这只雌鹪鹩选择其中的某个巢着手修完。雄鹪鹩远不是一个忠实的"丈夫"，是典型的"一夫多妻"者，当"新娘"接替它的工作，忙于完善和装饰所选择的巢时，它却邀请别的雌鹪鹩去观赏它剩下的巢，另求新欢去了。婚后的雌鹪鹩得不到"丈夫"的恩爱，只好独自孵卵和育雏。由于这种习性，使许多雄鹪鹩未能找到配偶，进而促使它们不断地改进筑巢艺术，以求得雌鹪鹩的欢心。

　　当然，雄鹪鹩用巢求偶，并不是说筑多少巢，就能求到多少配偶；即便找不到配偶，也要筑许多的巢。这实际是进行求偶炫耀，以吸引雌鹪鹩的注意，起着性兴奋的作用。因而，许多巢从来没有被雌鹪鹩选用和产卵育雏，是常有的事。科学工作者将这些筑而不用的鸟巢称为"伪巢"。也有人提出这样一种假设，认为雄鹪鹩营造伪巢是一种计谋，大有传说中的"曹操修建七十二座疑塚"之妙，借以迷惑鹪鹩的天敌而难以找到真巢。

　　筑巢是鸟类在繁殖期内的一种条件反射，绝大多数鸟类在所孵出的雏鸟独立生活以后，便弃巢不用，在树枝上或其他隐蔽的地点栖息，有的甚至在草丛中睡觉，游禽则喜欢栖居在安全的芦苇内或者水面上。只有极少数鸟类如欧洲树麻雀、某些啄木鸟、鹪鹩等，才经常利用自己的孵卵巢、一些未竣工的巢以及某些同伴的废弃巢作为睡觉的地方。据报道，美国的仙人掌鹪鹩所筑的巢，就用以作为全家的住宅，能够一年到头在里面躲雨避寒，夜里都在里面睡觉；而雏鸟长大以后，另立门户，修筑自己的巢育雏和过冬。

鹪鹩 | 摄影/王斌

"巧裁缝"缝叶莺

在福建、广东、广西、海南、云南等地的山林里，经常可以看到一种奇怪的鸟巢。这种鸟巢既不是用树枝搭建起来的，也不是用草茎、泥土、羽毛等构筑出来的，而是用植物上的叶片缝合而成。营巢的主人，就是外号称作"巧裁缝"的缝叶莺。

缝叶莺是属于鹟科、莺亚科的一种鸣禽，体长约11厘米，其中尾长差不多占了一半。雌雄鸟的羽色相似，全身披着橄榄绿色的羽毛，眼周及眉纹呈淡黄色，头顶和额部为褐红色。因而又有"红帽顶"或"红额头"的俗名。以虫类为食，也吃许多植物的种子和嫩芽。当它在矮树、灌木丛间跳跃觅食时，远看如同一粒绿色带红的弹子在蹦来蹦去，十分逗人喜爱。高兴的时候，缝叶莺还把长长的尾羽翘在背上，"田罗卜——田罗卜"地鸣叫不停，好像是在炫耀自己。

缝叶莺在春、夏季繁殖。它的营巢方式极为奇特：在芭蕉、香蕉、番石榴、芒果等具有大型叶片的草本或木本的植物上，挑选一片质量好的大叶子，用嘴和脚把它卷成筒状，并把边缘缝合起来。也有的把邻近的两片或更多的叶子合拢后，缝合在一起。

缝叶一般由雌鸟负责。它将长而尖的嘴当作针，先在距叶缘1~2厘米处钻出一个一个的小孔，然后用柔软结实的棕丝、嫩草、马尾或茎皮纤维等作

缝叶莺 ┃ 摄影/王尧天

为缝线，或者拾取人们丢弃的绳索，嘴、脚互相配合将其穿入孔内进行缝叠。每缝一针之后，还会在孔外打一个结，以防松扣和脱落。对于第一次营造鸟巢期待做母亲的雌性缝叶莺来说，这是一项考验它的耐心和能力的劳作，它不能侥幸一次获得成功。有时，巢未建成就被一场狂风暴雨所摧毁，落得个前功尽弃。不过，聪明、勤劳的缝叶莺很快吸取了经验和教训，又重新缝制起巢来，使之更加精巧、结实。

被缝成鸟巢的叶片开始是绿色的，但随着时间的推移，往往会变成枯黄。为了防止叶柄因枯萎而折断，缝叶莺就用韧性很强的纤维类细条将叶柄牢牢地拴在枝条上，使其巢不会因大风吹摆而损坏。它采集这些材料可真有办法，例如：用嘴啄牢棕榈树叶的边缘或草茎的上端，猛然一飞就撕下比较长的细条来。做好的鸟巢多数有倾斜度，顶部是密封的，进出口在叶片缝合处的上部，可以防止雨水漏进巢内。里面像个袋子，底部铺垫有绒羽、毛发、棉花等柔软物，既小巧玲珑，又舒适安全。缝叶莺就在这个雅致的巢窝里繁衍后代。

缝叶莺的这种形态特征和营巢习性，有一首民歌描绘得活灵活现。歌曰：

红帽顶，绿衣裳。嘴儿尖，尾巴长。

寻张大叶卷筒筒，衔根棕丝细又长。

嘴当针，丝当线，缝个摇篮做新娘。

其实，营巢是鸟类在繁殖期间的本能，对于绝大多数鸟类来说，鸟巢并不是鸟类的固定住所，而是用来产卵、孵卵和育雏的临时建筑。缝叶莺每年繁殖两次，每次都要营巢，一次产卵3~4枚，卵呈白色、淡蓝色或淡红色，上面密布褐色的斑点。由雌、雄鸟轮流抱窝，每当一鸟入巢，另一只鸟便出外觅食或在巢边担当警卫。雏鸟属于晚成性鸟，刚孵出的幼雏软弱无力，身上只有几根羽毛，连眼睛都睁不开，需要接受双亲的饲喂。尤其是在阴雨天和夜晚，幼雏还不能有效地保持体温恒定，仍需要亲鸟伏在巢内用身体温暖着它们。等到幼雏羽翼长成、能飞离巢窝之时，鸟巢的使命即宣告结束，缝叶莺也就弃之不要。非繁殖季节，无论是刮风下雨还是日落天黑，均单只或成群地在树枝上栖息、过夜，从来不为自己营造一个舒适的巢而安居其中。

织布鸟之巢

织布鸟也称织巢鸟、编织鸟，属雀形目文鸟科，全世界有70余种。大部分分布在非洲热带地区，亚洲也有繁殖地。云南西双版纳所产的黄胸织布鸟，是中国织布鸟的唯一代表，其大小和麻雀相当，羽毛也有些像麻雀，只是在繁殖期内，雄鸟头顶和后颈部的羽毛会变成金黄色，胸部呈浅棕黄色。

这类鸟成群栖息在山麓或低丘地带，性情活泼好动，以植物种子、嫩芽为食，也吃幼小的昆虫。一到春夏天的繁殖季节，便开始编织吊巢。

这是一项艰巨的工程，主要由雄织布鸟承担。它选择一支或数支长在一起的树枝作为骨架，用自己的嘴从草茎、棕榈树等叶子上撕下来的细条，一根根地缠绕在骨架上，一环扣一环地拉扯起来，形成一个环形的筐架。然后运用人类编织箩筐的原理，把这些韧性很强的细条，有经有纬地进行上下、左右穿梭，不停地编织加厚，中间形成一个空心的巢室。为了把这些细条从网状孔中扎紧拴牢，它常嘴、爪并用，只用一只脚支撑身体，另一只脚配合嘴不停地操作，使得穿织的细条不会松散和滑脱。最常见的方法是把细条穿进一个圆环，绕几个来回，缠绕交织地打成结。还在巢室内放一些泥土，以增加巢的重量，避免被狂风吹毁。成功的鸟巢呈葫芦形、梨形等形状，巢顶是密封的，巢的侧面或底部有一个管道式的进出口。这样，既能防风遮雨、挡住灼热的阳光，又能防止毒蛇猛兽的侵袭，实在是一个很好的安乐窝。

雄织布鸟把爱情完全寄托在自己的劳动成果上，当它把巢筑好以后，就在巢的进出口处高声歌唱，企图用自己的鸣叫吸引异性。此时，有好几只雌织布鸟在巢边飞上飞下，慎重地挑选佳偶。每一只雌鸟对其条件要求都很高，不仅要选一个声音洪亮、体魄健壮的雄鸟作为自己的伴侣，而且要挑一个既结实又雅致的巢，才肯进"洞房"做"新娘"。这真是"没有好新房，别想娶新娘"。如果鸟巢不理想，雄鸟再怎么起劲地鸣唱、体魄再怎么健壮，也是枉

费心机。要是雄织布鸟在一周左右找不到接受它的巢的雌鸟，它就会自动拆除费了很大工夫筑成的巢，重新在原址建造新巢，编织出更好的巢。要是得到某只雌鸟的认可，巢内放置兽毛、树叶、杂草等柔软铺垫物以及装饰品，就由雌织布鸟负责。有些种类的织布鸟，其雄鸟一连筑了好几个漂亮的巢，娶了好几个多情的"娘子"，即使找不到合适的雌鸟，也要继续筑巢，直到繁殖季节过后才终止。

非洲的野牛织布鸟，喜欢过群居生活，也是最大的织布鸟之一，被誉为鸟类建筑师。它们以荆棘细枝、杂草等为筑巢的材料，经常数十只乃至百余只在一棵根深叶茂的大树上营造联合巢。巢高可达3米，直径近5米，像一幢门对门、户串户的高楼大厦。故有人称之为"厦鸟"。在建造这项巨大工程时，需要大家通力合作，相信有一只组织能力很强的织布鸟担任总指挥。但见它们有的采集草木，有的运送材料，有的编织窠巢，在空中飞来舞去，叽里咕噜，忙得不亦乐乎。首先，它们在树枝的分叉处，将粗硬的棘枝架设起来，在上面铺上杂草，用韧性很强的植物纤维系紧扎实，形成一个硕大的屋

纹胸织雀 | 摄影/宋迎涛

顶。接着，在屋顶下面编织一个个圆瓶形的巢，一层接一层，并用较大的棘枝将其连接起来。分隔成孵卵区、育雏区和休息区，每区都有一个单独的从下面进出的入口。

绝大多数鸟都会筑巢，其本领各有高低。织布鸟的这种高超的筑巢技术，是先天固有的还是后天学到的呢？鸟类学家解释，筑巢是鸟类的本能，繁殖欲望越强，巢也就建造得越完善，用不着学习，生来就会。一旦繁殖期过去了，这种本能便受到抑制。据郑光美研究，人工养育的织布鸟，经过4代之后，尽管所有的后代都从来没见过它们的父母是怎样编巢的，但全都能编织出曲颈瓶状的鸟巢。这证明筑巢行为并不是学习来的，而是一种本能活动，每一种鸟筑成什么样的巢，有着遗传上的保守性。当然，年幼的织布鸟所织的巢与年长的织布鸟相比，要粗糙得多，这可能是因为它们筑巢的本领还没有得到充分发挥。俗话说"熟能生巧"，只有通过实践，才具有娴熟的编织技巧，从而营造出完美的巢来。

灶鸟及营冢鸟的巢

　　鸟类在树穴、岩洞、地窟或壁缝、房檐孔隙里做的窝，被称为洞穴巢。生活在美洲中部和南部地区的灶鸟，并不寻找这种现成的洞穴，而是自己去建造，这样，就是在没有天然洞穴的地方，也能在自造的洞穴巢内产卵育雏；还有生长在澳大利亚的营冢鸟，鸟巢不是筑在树上、草丛中或石头缝里，而是筑在地底下，形如坟墓。这真是一大奇观。

　　拉丁文翻译灶鸟的名字是"制面包的人"或"面包师"。灶鸟共有200多个品种，体长9~35厘米，体羽大都呈褐色、橄榄色或深灰色，常有装饰性羽冠或肉垂，以虫类为食，也啄食杂草种子。由于它们具有很高的"建筑技艺"，筑的巢像当地的烤炉，故因此而得名。阿根廷人很喜欢这类鸟，政府通过法令，把一种称为棕灶鸟的灶鸟定为国鸟。

　　一般说来，鸟类营巢有固定的地方。灶鸟的巢址大都选在大树的枝杈处、屋顶上、电线杆旁或栅栏柱中。每当营巢时，雌雄鸟互相合作，大约需要辛苦两三个月的时间。首先，它们采集湿泥、野草、新鲜牛粪等原料，调和成泥丸，像燕子筑巢一样，用灵巧的嘴和脚将泥丸一个一个地垒在一起，使之成为空心土球，并在侧面留一个进出口。然后在巢内筑成一堵弯曲的隔墙，把洞穴分成走廊式的狭窄前室和宽敞的后室，隔墙的顶部，留有一个刚好容一只灶鸟跨越的间隙，以便从前室钻进后室，或从后室钻出来进入前室。后室是灶鸟的孵卵和育雏室，里面铺有杂草、羽毛、树叶、布片等柔软物。雌鸟产下2~4枚卵后，由雌雄鸟轮流坐巢，经过14~18天的孵化，幼雏破壳而出。

　　这种精致的鸟巢，恰如一件工艺美术品。但灶鸟在里面住的时间并不长，筑巢完全是为了繁衍后代，待孵出的幼雏能独立生活以后，便弃之不用。到第二年要孵卵育雏的时候，再构筑新巢。要知道，这种自造的洞穴巢虽然比较牢固，能防御敌害，但在火红的烈日照射下会变成名副其实的"烤炉"，在里面居住是十分难受的。

营冢鸟的巢很大，看上去像一座古老的坟墓，上面还堆着许多枯叶和树枝。有一种叫普通大足鸟的营冢鸟，其巢的高度竟高达5米多，面积达50多平方米。

普通大足鸟不过体大如鸡，样子也像鸡，为何能建造这么巨大的鸟巢呢？原来，"冰冻三尺，非一日之寒"。普通大足鸟自从"成家"以后，雌鸟和雄鸟就为营巢忙碌终生。它们的巢是固定在一个地方的，开始营巢时，雄鸟和雌鸟用尖利的脚爪和圆锥状的硬喙，在地面上挖一个大坑，将挖出来的泥土、沙子和衔来的树枝、叶子等，在坑内一层泥土、沙子，一层树枝、叶子地堆积起来，待坑填满高出许多以后，再从土堆上方向下挖一个洞，把卵埋在里面。卵凭着土堆内的树枝、叶子等发酵出来的热量孵化，到两个月以后，雏鸟便会破壳而出，从松散的土层里爬出来。到了第二年的繁殖季节，普通大足鸟从远处衔来泥土、沙子、树枝、叶子等加宽加高自己的巢，这样年复一年地挖洞、繁衍，鸟巢便自然而然地越来越大了。

一种叫眼斑的营冢鸟，其巢的营造任务也相当艰巨。雌鸟和雄鸟在每年的4月份开始挖坑，深约1米，直径约1.5米，然后把多种野草、树叶衔进坑内，让雨水浸泡发热，再把坑周围的浮土盖上去，并在坑中间挖一个自己能钻进钻出的洞。到了8月份，雌鸟在地面上产完卵以后，雄鸟将卵搬进坑内，把卵直立起来，使大头朝上，而后在卵上铺一层薄薄的沙子。经过雨水拌湿的野草和树叶此时在里面发酵产热，积蓄的热量不断增高，雄鸟便每天钻进去体验坑内的温度。如果温度过高，它就打些通风洞，把热量放些出来；温度低了就把这些通风洞堵住，使热量散发不出来；遇到太阳辐射过强，就铺上一些砂土把温度降下来……始终让坑内的温度保持在31~35℃，以适应卵的孵化。

营冢鸟构筑的巢，如同天然的孵卵器。经过60多天的时间，雏鸟破壳而出。刚孵出的雏鸟劲头十足，拼命地往上攀爬，待从巢内钻出来以后，历尽千辛万苦来调节巢内温度并一直守候在巢边的亲鸟，竟视而不见，仍然专心致志地经营它的巢。亲鸟的雏鸟也"六亲不认"，先在地面上躲躲藏藏，24小时后就远走高飞了。

棕灶鸟 ｜ 刘东绘图

金丝燕与燕窝

　　金丝燕属鸣禽类，雨燕科，主要生长在印度尼西亚、马来西亚、泰国、越南等地；中国在20世纪以前的海南岛、肇庆、峨眉山等地亦有分布，现在恐怕很难见到了。

　　金丝燕的体型跟家燕差不多，身长约9厘米，背部为黑褐色，腹部为灰白色，尾平齐，脚短小，爪坚硬，适宜攀附峭壁。生活在滨海或海岛地带的金丝燕，主要以海藻和海里的小动物为食物；陆地的金丝燕，则以昆虫和植物种子充饥。由于它们喜欢在悬崖高处的暗缝中筑巢，来往神出鬼没，所以有人说金丝燕具有"吞云吐丝"之功。

　　其实所谓"吞云"，只不过是因为金丝燕飞行速度快，一日能飞290千米，"吐丝"则是因其筑的巢可供人们食用。在金丝燕的喉部，有一个发达的黏液腺体，能分泌大量浓厚而富有黏性的唾液。每逢繁殖季节，它便吐出唾液与拾来的羽绒、海藻或自己未消化的小鱼虾等，凝结在绝壁上筑成鸟巢。这种鸟巢就是燕窝。

戈氏金丝燕 ｜ 摄影/宋迎涛

在一年之内，金丝燕首次筑的巢称为白燕，体质光洁，色白透明，是用它那纯净的唾液凝固起来的。因封建时代官场多以此作为馈赠礼品，而且列为贡品，故又名官燕或贡燕。

当第一次筑的燕窝被人采撷以后，金丝燕就马上做第二次窝，这时它的唾液已没有先前那样多了，不得不忍痛啄下自己的绒羽，拌和着唾液及半消化的食物、海藻等，把巢筑成功。这种毛、藻杂物较多的燕窝称为毛燕，一般色泽暗灰。

当苦心营造的毛燕第二次被人们摘去以后，金丝燕的唾液更不如前了，绒毛也少了，但为了产卵育雏，只好去觅寻苔藓、海藻、树叶等植物，经胃液酝酿后，再连同唾液一起强行吐出来，致使喉部微血管破裂，再一次把巢胶结而成。这时的燕窝带有紫黑色血丝，故人们称为血燕。

成功的燕窝呈半月形，一般长5~10厘米，宽3~5厘米，壁厚0.3~0.5厘米，单重12克左右。附着岩石的一面较平直，外面微隆起，窝内部粗糙，如同用细粉丝编织而成，十分紧密坚固。质略硬而脆，丝小而薄，略有清香。但据古籍《调疾饮食辩》介绍，"最佳者每枚可重一两以上，白色如银，琼州人呼为崖燕，力尤大"。

在人们心目中，白燕是上品，毛燕是中品，血燕是下品。其实不然，据采燕窝的人说，血燕的红色并不完全是金丝燕筑巢时口里带出来的血，有的是燕窝筑在红色岩壁上，被岩壁渗出的红色液体浸润所致。它含有大量的矿物质和多种营养素，滋补价值最高，所以销售价格往往高于白燕和毛燕。为同血燕相区别，这种被岩壁红色液体染成暗红色的燕窝又称之为红燕，《本草从新》则谓"燕窝脚"。

许多国家公认，食用燕窝是中国人的一大发明。传说很久以前，有群落难的中国水手漂泊到一个无人的荒岛上，饥寒之中找不到食物，只好以燕窝充饥，获救后又带回与家人共享。有历史记载的是在唐代，当时，中国人用瓷器和金属制品与北婆罗洲大尼亚岩洞所产的燕窝进行交换。传入宫廷供皇帝、大臣们享用，则得助于三保太监郑和。明成祖时，郑和第三次下西洋，在马来群岛吃到了燕窝，回朝时带了一些献给皇上，使得燕窝成了珍馐。

　　燕窝不仅是一种美味佳肴，而且也是一种珍贵的滋补营养品。中国人习惯把它同人参、鹿茸相提并论。但人类对燕窝的不断撷取，使得珍贵的燕窝在劫难逃，燕群数量急剧锐减，为了保护金丝燕种群和生态环境，应拒绝食用燕窝。

扫一扫看视频

骨顶鸡

"巢寄生"者——杜鹃

为了传宗接代，营造巢窝和孵卵育雏是鸟类的本能。可是杜鹃却与众鸟不同，它不筑巢，不孵卵，不育雏，也同其他鸟一样"家族"繁衍，"儿女"满堂。

杜鹃"生儿育女"的奥秘在于，用"巢寄生"的方式繁殖后代。每当繁育时期，杜鹃就事先找好比自己小的鸟的巢，如云雀、画眉、苇莺、棕头雅雀等鸟的巢，作为自己产卵的"产房"；然后它每隔几天就到这些巢的附近，静悄悄地窥视着四方，做好产卵的准备。当某巢的孵卵鸟飞出时，它便立刻飞进去，把巢内原有的卵衔1枚在嘴里，迅速地生下自己的1枚卵，又很快地离开，使巢中的卵总数不变。有时，杜鹃也在选中的鸟巢附近先产卵，再等待时机把卵衔到孵卵鸟的巢内。这样，这个巢的鸟在孵卵时，也就把杜鹃的卵一起代孵了。曾有人看到，有一种形状和羽色酷似苍鹰的鹰头杜鹃，在它选中产卵巢以后，就突然从天空

震旦鸦雀哺育杜鹃 ｜ 摄影/高友兴

俯冲而下，用它那凶恶的长相和疾飞的动作吓跑了正在孵卵的苇莺鸟，然后把自己的卵产在巢内；巢主归来时，见巢无损，卵也未丢，就又继续孵卵了。

杜鹃在产卵期间，可说得上忙得不亦乐乎。一只杜鹃大约要产七八枚卵，而它在每个寄主巢里又只产（放）1枚卵，这就得找七八个巢，选择七八个巢的

亲鸟为它做"孩子"的养亲。奇妙的是，有些杜鹃产的卵具有十分惊人的模仿本领，寄主鸟产什么颜色的卵，它就产什么颜色的卵，甚至卵的大小、花纹斑点都一样。这大概是为了迷惑寄主鸟的一种保护性适应。当然，有时也会有弄巧成拙的例外，产的卵与寄主鸟的卵有很大的差异。不过不要紧，寄主鸟是不会轻易抛弃这外来的不速之客的。因为许多鸟类缺乏严格的辨别卵形和卵色的能力，孵卵本能使它不顾一切地孵化着置于巢内的异常卵或物体，有时甚至连玻璃球、石子也当自己产的卵进行孵化。

杜鹃卵的孵化期往往比那些寄主鸟卵的孵化期要短，只需十二三天。小杜鹃脱壳出世时，身上光秃秃的，两只眼睛睁不开，完全靠养亲哺喂。一旦它能够站立起来，便本能地去排除"异己"。它把头钻到尚未孵化的鸟卵下面，让卵滚到背中央，再一枚一枚地抛出摔碎。如果同巢中已经有了雏鸟，那小杜鹃更是感到不安，它千方百计地钻到雏鸟的身下，把雏鸟背在身上，然后站直两只脚，慢慢地挪到巢边，不停地抖动着翅膀和身体，将雏鸟逐个地抛出巢外。可怜这些雏鸟被这个外来的野种摔得头破血流，不是冻死就是饿死。

小杜鹃为什么要这样残酷无情呢？这一方面出自于嫉妒和异物相克，另一方面也出自于一种生理现象。原来，在它的背部长有一些触觉的小突起，当被它背在身上的卵或雏鸟接触这一敏感区时，小突起立刻发出"抛出"的反射动作。小杜鹃排除了同巢的卵和雏鸟以后，就可以独享养亲的哺育，随之这种本能的敏感反应也就相应地消失了。

小杜鹃的食量很大，而且最喜欢吃各种危害农作物的昆虫。养亲为了填饱它的肚子，终日忙碌奔波，飞进飞出，经常自己挨饿，把刚吞进肚里的食物吐出来，送到小杜鹃的嘴里。经过20多天的哺养，小杜鹃的体重由刚出壳的二三克猛增至几百克，比养亲要大得多。养亲给小杜鹃喂食，往往要站在小杜鹃的头上才够得着它的嘴。然而等到小杜鹃羽毛丰满，能独立生活时，它竟不告而别，远走高飞或者去寻找它的生父生母去了。

杜鹃的这种繁殖习性，很早就被人们所认识。唐代大诗人杜甫就曾赋诗道："生子百鸟巢，百鸟不敢嗔；仍为喂其子，礼若奉至尊。"古希腊学者亚里士多德的《动物志》也有关于杜鹃寄生性产卵和育雏的记载。但这并不能说，所有的杜鹃都是"巢寄生"者。据统计，全世界杜鹃科鸟类共有128种，其中只有47种是"巢寄生"者，尤以在中国繁殖的大杜鹃、四声杜鹃、小杜鹃、鹰头杜鹃等较为显著，而分布在美洲的杜鹃，绝大多数是会自己筑巢、孵卵和育雏的。

大杜鹃 ┃ 摄影/王尧天